Investigación para la mejora de procesos

Una guía para ingenieros industriales

Senén Juárez León

CADUCEUS

Investigación para la mejora de procesos
Una guía para ingenieros industriales

Editado por: Editorial Ígneo Chile SPA
para su sello editorial Caduceus
San Sebastián 2750, Of. 603, Las Condes, Santiago. Chile.
Primera edición, octubre, 2025

Crédito institucional:
Esta obra fue desarrollada en el marco de las actividades académicas del Tecnológico Nacional de México (TecNM), campus Instituto Tecnológico de Tehuacán, como apoyo didáctico para la formación de estudiantes de la carrera de Ingeniería Industrial. El contenido aquí presentado refleja la experiencia docente del autor en la impartición de las asignaturas «Taller de investigación I» y «Taller de investigación II», con el objetivo de fortalecer las competencias de investigación aplicadas a la mejora de procesos productivos, siguiendo el enfoque de la ingeniería industrial.
Aunque esta publicación fue realizada con base en la práctica educativa institucional, su contenido es responsabilidad exclusiva del autor y no necesariamente refleja la postura oficial del Tecnológico Nacional de México.

ISBN: 978-956-424-040-4

www.grupoigneo.com
Correo electrónico: contacto@grupoigneo.com | Teléfono: +51 955 071 270
Facebook: Grupo Ígneo | X: @editorialigneo | Instagram: @grupoigneo

Contenido

Presentación

Este libro nace de mi experiencia como docente en la carrera de Ingeniería Industrial, específicamente en la impartición de las materias «Taller de investigación I» y «Taller de investigación II» en el Tecnológico Nacional de México, campus Instituto Tecnológico de Tehuacán. A lo largo de varios semestres he tenido la oportunidad de acompañar a estudiantes en el proceso de formulación, desarrollo y presentación de sus proyectos de investigación, y he observado de forma reiterada la necesidad de contar con un material didáctico que oriente con mayor claridad y pertinencia las etapas del proceso investigativo aplicado a nuestro campo profesional.

Muchos de los textos disponibles sobre metodología de investigación resultan excesivamente generales o distantes de las problemáticas reales que enfrentan los futuros ingenieros industriales. Esta brecha entre la teoría metodológica tradicional y los desafíos específicos de nuestra disciplina motivó la elaboración del presente libro.

El objetivo es ofrecer una herramienta práctica, accesible y contextualizada que acompañe paso a paso a los estudiantes en la construcción de sus proyectos, desde la elección del tema hasta la presentación del protocolo final. El enfoque se centra en fortalecer las competencias investigativas con un claro sentido de aplicación, fomentando el pensamiento crítico, la solución de problemas y la mejora continua dentro de procesos productivos y organizacionales.

Espero que este libro contribuya no solo al aprendizaje en el aula, sino también a formar profesionales más analíticos, comprometidos y capaces de tomar decisiones fundamentadas en evidencia.

M. C. Senén Juárez León
Docente de Ingeniería Industrial
Tecnológico Nacional de México. Campus Instituto
Tecnológico de Tehuacán

Introducción

La ingeniería industrial es una disciplina esencial para el funcionamiento eficiente de las organizaciones en prácticamente todos los sectores: manufactura, logística, servicios, energía, gobierno, entre otros. Su objetivo central es diseñar, mejorar e implementar sistemas integrados por personas, materiales, información, equipos y energía, aplicando conocimientos especializados en matemáticas, física, ciencias sociales y administración.

El propósito de este libro es guiar al estudiante de ingeniería industrial en el desarrollo de investigaciones aplicadas, enfocadas en la mejora de procesos y la solución de problemas reales. La metodología de investigación se presenta aquí como una herramienta estratégica, no solo académica, sino profesional, que permite al futuro ingeniero observar de forma crítica su entorno, formular preguntas relevantes, recolectar datos confiables y proponer soluciones fundamentadas. El texto busca así conectar la formación investigativa con las demandas reales del campo laboral, a través de una estructura clara, ejemplos contextualizados y actividades prácticas.

El rol del ingeniero industrial en la sociedad

En la actualidad, el ingeniero industrial es un agente de cambio dentro de las organizaciones. Su labor no se limita a operar herramientas de mejora continua o modelos de optimización, sino que también implica una comprensión profunda de los factores humanos, sociales y económicos que influyen en el desempeño de los sistemas. Por ello, el ingeniero industrial moderno debe combinar la eficiencia técnica con la responsabilidad social, siendo capaz de identificar oportunidades de mejora que no solo beneficien a la empresa, sino que también generen valor para los trabajadores, los clientes y la comunidad.

Además, la versatilidad de esta disciplina le permite insertarse en contextos muy diversos, desde la automatización de líneas de producción hasta la planeación de sistemas logísticos o el rediseño de procesos administrativos. Esta amplitud de campo de acción hace necesario que el ingeniero industrial desarrolle una mentalidad analítica, sistémica y ética, respaldada por metodologías rigurosas para tomar decisiones con base en datos y evidencias.

¿Por qué investigar? La investigación como herramienta de mejora

Investigar es, en esencia, una forma de transformar la curiosidad en conocimiento útil. Para un ingeniero industrial, la investigación es la vía para diagnosticar con precisión, identificar causas raíz, medir impactos y validar soluciones antes de su implementación. Lejos de ser un ejercicio teórico aislado, investigar en ingeniería industrial es parte del quehacer profesional, ya sea que se trate de reducir tiempos muertos en una operación, mejorar la seguridad en un área de trabajo, aumentar la satisfacción del cliente o minimizar desperdicios.

A través de la investigación se promueve una cultura de mejora continua basada en evidencia, en lugar de suposiciones o soluciones improvisadas. También permite que las organizaciones aprendan de sus datos, ajusten sus estrategias y se adapten de manera proactiva a los cambios del entorno. En este sentido, el dominio de las herramientas metodológicas de investigación dota al ingeniero de una ventaja competitiva y de una actitud crítica frente a los problemas, indispensable para el liderazgo en proyectos de innovación y transformación.

Por último, fomentar la investigación en los futuros ingenieros industriales no solo eleva la calidad de su formación académica, sino que también fortalece su compromiso con el desarrollo sostenible, la eficiencia responsable y la creación de soluciones de alto impacto social.

Este libro está dirigido principalmente a estudiantes de ingeniería industrial en formación, aunque también puede ser útil para docentes, asesores de proyectos y profesionales que busquen estructurar investigaciones aplicadas dentro de su entorno organizacional. A lo largo de sus capítulos se abordan de forma clara y práctica los elementos clave del proceso investigativo: desde el planteamiento del problema hasta la elaboración del protocolo, pasando por los objetivos, el marco teórico, las hipótesis, la metodología y la presentación de resultados. Así, se convierte en una herramienta integral para quienes desean investigar con propósito y transformar su contexto con base en evidencia.

Capítulo 1: el método científico como base de la ingeniería industrial

Introducción

La ingeniería industrial es una disciplina que se distingue por su enfoque sistemático para resolver problemas relacionados con la eficiencia, la productividad y la calidad en los procesos. Aunque tradicionalmente se le asocia con herramientas técnicas y metodologías específicas, en el fondo su verdadera esencia se alinea con los principios del método científico.

Todo ingeniero industrial, al enfrentarse a un entorno productivo, parte de una observación: algo no está funcionando como debería. A partir de ahí, se formulan preguntas, se generan hipótesis, se recolectan datos, se aplican mejoras y se evalúan los resultados. Este ciclo, muchas veces implícito en la práctica profesional, no es otra cosa que la aplicación del método científico en el ámbito industrial.

El objetivo de este capítulo es mostrar que investigar no es solo una actividad académica o universitaria, sino una competencia clave del ingeniero industrial como profesional que busca mejorar procesos reales. A través del estudio del método científico, el estudiante aprenderá a pensar como un investigador dentro de su contexto: la fábrica, el almacén, el hospital, la línea de producción o cualquier otro sistema donde intervenga el factor humano y tecnológico.

1.1. ¿Qué es el método científico?

El método científico es un proceso estructurado que permite adquirir conocimientos confiables mediante la observación sistemática, la formulación de hipótesis, la recolección y el análisis de datos, y la validación o refutación de ideas a través de la evidencia. Su propósito no es solo entender la realidad, sino intervenir en ella de manera racional y efectiva.

En el ámbito de la ingeniería industrial, el método científico se convierte en una herramienta fundamental para analizar, mejorar y rediseñar procesos. No se trata solo de aplicar fórmulas o software, sino de desarrollar una actitud crítica y una metodología lógica para resolver problemas complejos de manera eficiente.

1.2. Etapas del método científico aplicadas al contexto industrial

1. Observación del fenómeno

El ingeniero detecta que una línea de producción tiene tiempos muertos excesivos. Se observa el proceso, se registran datos preliminares y se identifica una posible causa raíz.

2. Planteamiento del problema

¿Por qué se presentan tiempos muertos en la línea de producción? Se delimita el problema de forma clara, acotando el contexto y los posibles factores implicados.

3. Formulación de hipótesis

Se plantea una hipótesis como posible causa del problema:

«Los tiempos muertos se deben a fallas de coordinación en el suministro de materia prima al área de ensamble».

4. Diseño del experimento o estudio

Se planifica la recolección sistemática de datos: tiempos, frecuencia de interrupciones, causas, turnos y personal involucrado. Se decide qué variables medir, cómo y con qué instrumentos (cronómetro, formatos, listas de verificación, etc.).

5. Análisis de datos

Se procesan los datos obtenidos: se calculan promedios, porcentajes y se grafican tendencias. Se buscan patrones o anomalías que confirmen o refuten la hipótesis.

6. Conclusiones

Se determina si la hipótesis era correcta. Se documentan las causas reales y se formulan recomendaciones.

7. Implementación de mejoras

Se proponen y ejecutan soluciones (automatización, sistema Kanban, redistribución del *layout* para reducir desplazamientos, capacitación, etc.).

8. Evaluación del impacto

Se evalúa el impacto de las mejoras y, si es necesario, se inicia un nuevo ciclo.

Estas etapas reflejan un proceso de mejora continua basado en evidencia, similar a metodologías como DMAIC o PHVA.

Como afirman Hernández-Sampieri et al. (2022), el método científico permite no solo explicar fenómenos, sino intervenir sobre ellos con base en evidencia sistemática, lo cual resulta crucial en ingeniería industrial.

1.3. Relación entre el método científico y herramientas de mejora industrial

Método Científico	PDCA	DMAIC	A3	8D/PSP
1. Observación	Plan	Definir	Aclarar el problema	D1: crear equipo y recolectar información D2: describir el problema
2. Planteamiento del problema/ hipótesis	Plan	Medir	Desglosar el problema. Establecer metas	D3: definir acciones de contención
3. Experimentación	*Do* (Hacer)	Mejorar	Aplicar contramedidas	D6: implementar acciones correctivas
4. Análisis de resultados	*Check* (Verificar)	Analizar	Analizar causas raíz. Evaluar resultados	D4: analizar la causa raíz D5: definir acciones correctivas posibles
5. Conclusiones	*Act* (Actuar)	Controlar	Estandarizar el éxito	D7: definir acciones para evitar recurrencia D8: Felicitar al equipo

1.4. La ventaja de pensar científicamente

Cuando un ingeniero industrial adopta el método científico como forma de pensar y actuar, deja de depender únicamente de la intuición o la experiencia. Aprende a fundamentar sus decisiones en datos, a justificar propuestas de mejora con evidencia y a comunicar resultados con claridad y credibilidad, lo que le permite optimizar procesos con mayor probabilidad de éxito y sostenibilidad.

Este enfoque es la base de muchas metodologías modernas, como *Six Sigma*, *Lean* o la Teoría de Restricciones. El pensamiento crítico, la formulación de hipótesis comprobables y el análisis de datos son competencias esenciales del ingeniero industrial actual.

En este libro, cada capítulo corresponde a una etapa del proceso científico, adaptada a las necesidades del ingeniero industrial. El objetivo es que el estudiante no solo aprenda a realizar investigación académica, sino que desarrolle competencias reales para enfrentar los retos de su futuro profesional.

1.5. Comparación entre el enfoque empírico, técnico y científico

En el entorno industrial, no todos los problemas se abordan de la misma manera. Dependiendo de la formación del personal y de la cultura organizacional, se pueden encontrar tres tipos de enfoques comunes para resolver problemas: empírico, técnico y científico.

Enfoque	Características	Ejemplo en la industria	Riesgos o limitaciones
Empírico	Basado en la experiencia, prueba y error, sin análisis estructurado.	Un supervisor cambia el turno de un operador porque «siempre se retrasa», sin investigar las causas.	Puede generar decisiones precipitadas o subjetivas.
Técnico	Uso de herramientas o soluciones ya conocidas, sin cuestionar su origen o pertinencia.	Aplicar un diagrama de Pareto porque «así lo indica el procedimiento», aunque el problema no sea cuantificable.	Se confía demasiado en la herramienta y se ignora el contexto
Científico	Se parte de un análisis sistemático del problema, se generan hipótesis, se recopilan datos y se toman decisiones basadas en evidencia.	Se analiza la baja productividad mediante estudio de tiempos y se detecta que el retraso se debe a una mala distribución del equipo.	Requiere más tiempo y disciplina, pero ofrece soluciones sostenibles.

¿Qué enfoque debe adoptar el ingeniero industrial?

El profesional de la ingeniería industrial puede usar todos los enfoques según el contexto, pero su responsabilidad es saber cuándo aplicar el pensamiento científico. Esto le permite no solo resolver problemas inmediatos, sino también generar conocimiento útil para prevenir futuros errores, documentar aprendizajes, justificar inversiones o validar propuestas de mejora ante directivos o clientes.

1.6. Caso práctico integrado: mejora de tiempos de espera en almacén

Contexto: En una empresa de manufactura, el gerente detecta que hay retrasos en el surtido de pedidos.

- **Observación:** El almacén presenta filas de espera durante la tarde.
- **Problema:** ¿Por qué aumentan los tiempos de espera en el surtido durante la tarde?
- **Hipótesis:** La escasez de personal durante ese turno provoca cuellos de botella.
- **Recolección de datos:** Se registran los tiempos de surtido por turno durante una semana.
- **Análisis:** El turno vespertino tiene tres personas menos y mayor variabilidad en los tiempos.
- **Conclusión:** Se confirma la relación entre la baja dotación y los retrasos.
- **Mejora propuesta:** Reasignación de turnos y capacitación cruzada para aumentar flexibilidad.
- **Evaluación:** Se vuelve a medir tras el cambio, observando una reducción del 25 % en los tiempos de espera.

1.7. Actividad sugerida

Objetivo: Aplicar el método científico a un problema cotidiano.

Instrucciones:

1. Piensa en un problema real que hayas observado (en tu casa, trabajo, escuela, etc.).
2. Describe brevemente:
    - Observación inicial.
    - Problema detectado.
    - Hipótesis que explique el problema.
    - Qué datos podrías recolectar para validarla.
    - Qué cambio podrías proponer y cómo evaluarías si funcionó.

Producto esperado: Una reflexión escrita de una cuartilla donde apliques las etapas del método científico a ese caso.

Conclusión del capítulo

El método científico es mucho más que una herramienta escolar: es una forma de pensar y actuar que convierte al ingeniero industrial en un agente de cambio. A través de la observación, el análisis riguroso y la toma de decisiones basada en evidencia, es posible transformar procesos y mejorar los sistemas productivos de forma sostenible.

Adoptar este enfoque fortalece la credibilidad del ingeniero, mejora su capacidad para justificar decisiones ante jefes o clientes y contribuye a una cultura organizacional basada en datos, no en suposiciones.

Como se verá en los siguientes capítulos, cada etapa del proyecto de investigación aplicada se fundamenta en este método. Aprender a pensar como investigador es el primer paso para convertirse en un profesional capaz de transformar su entorno.

La investigación científica no es un lujo académico, sino una necesidad para enfrentar con éxito los desafíos técnicos del presente.

Sampieri (2014)

Capítulo 2: detectar problemas en el mundo real

Introducción

Antes de poder resolver un problema, es necesario detectarlo. En la ingeniería industrial, muchos errores, pérdidas de tiempo y desperdicios no se deben a la falta de soluciones, sino a que no se identificó correctamente el problema desde el inicio. Por eso, una de las competencias fundamentales del ingeniero industrial es su capacidad para observar su entorno productivo con pensamiento crítico y descubrir oportunidades de mejora donde otros solo ven rutina.

Detectar un problema no significa únicamente notar que algo «no funciona». Implica ir más allá: reconocer patrones, registrar datos, analizar flujos, observar comportamientos, identificar cuellos de botella o desviaciones que afecten la productividad, la calidad, los costos o la seguridad.

Este capítulo está dedicado a esa primera etapa de la investigación: la observación estructurada y el diagnóstico inicial.

El ingeniero industrial no solo investiga para aprender, sino para transformar. Y para transformar, primero hay que ver con claridad.

Este capítulo desarrollará esa capacidad diagnóstica, brindando herramientas técnicas y ejemplos prácticos para ayudar al estudiante a detectar problemas de forma sistemática y con evidencia. Además, se presentará un caso práctico integrado que conectará todas las herramientas propuestas.

2.1. Comprender el contexto antes de aplicar herramientas

En los entornos industriales, los problemas rara vez se presentan de forma clara y visible. A menudo están ocultos entre rutinas diarias, normalizados por la costumbre o minimizados por quienes los experimentan. Por eso, el primer paso para detectarlos no es solo aplicar herramientas, sino cambiar la forma de mirar.

Un ingeniero industrial debe entrenar su pensamiento para ver más allá de lo evidente. Esto implica desarrollar una mirada crítica que cuestione lo que parece normal, lo que «siempre se ha hecho así» o lo que no se considera problemático, pero está generando desperdicio, lentitud o inconformidad.

Detectar problemas en el mundo real requiere:

- Escuchar activamente a operarios, supervisores y usuarios del sistema.
- Observar procesos en acción, sin intervenir, como un investigador de campo.
- Registrar comportamientos, tiempos, errores o interrupciones sin juzgar de inmediato.
- Preguntarse constantemente: ¿por qué sucede esto así?, ¿qué pasaría si cambiamos este paso?, ¿qué impacto tiene esto en la productividad?

Este enfoque es clave, porque no se trata de buscar culpables, sino causas. La detección efectiva de problemas se basa en una actitud objetiva, respetuosa y analítica.

2.2. Del síntoma al problema real

Un error común entre estudiantes (y también entre profesionales) es confundir síntomas con problemas. Por ejemplo:

- «Se entregan los pedidos tarde». → Esto es un síntoma, no el problema.
- «El proceso de surtido tiene múltiples interrupciones por desabasto en almacén». → Aquí ya nos acercamos al problema real.

Detectar un problema implica observar más allá de lo evidente, cuestionar lo normalizado y buscar evidencias.

Preguntas clave para esta etapa:

- ¿Qué está generando esta situación?
- ¿Dónde y cuándo ocurre con mayor frecuencia?
- ¿Quiénes están involucrados o afectados?

2.3. Pensamiento sistémico: ver el todo, no solo la parte

Los problemas industriales no suelen tener una única causa. Se presentan dentro de sistemas complejos donde interactúan personas, máquinas, materiales, información, tiempos y decisiones.

Por eso, antes de aplicar una herramienta de análisis, es fundamental que el ingeniero:

- Comprenda el proceso completo, de inicio a fin.
- Reconozca qué partes del sistema podrían estar relacionadas con el problema.

- Identifique puntos críticos donde ocurren errores, cuellos de botella o retrabajos.

Este pensamiento sistémico le permitirá no solo detectar mejor el problema, sino también formular preguntas de investigación más precisas.

2.4. La importancia de tener una base conceptual antes de observar

Observar no es simplemente mirar lo que ocurre. Para que una observación sea útil en una investigación industrial, debe estar orientada por conceptos previos.

¿Qué significa esto?

Significa que antes de ir al campo, el investigador ya debe tener claridad sobre qué fenómenos quiere analizar y qué conceptos lo ayudarán a interpretarlos.

Por ejemplo:

- Si se investiga la productividad, debe entender qué variables influyen en ella: tiempo de ciclo, balanceo de línea, cuellos de botella.
- Si se investiga la calidad, debe saber qué es un defecto, una no conformidad o una especificación técnica.
- Si se investiga el desperdicio, debe conocer los tipos de *muda* (según *Lean Manufacturing*) y cómo detectarlos.

Esta base conceptual puede provenir del marco teórico que se está construyendo en la investigación y cumple la función de definir lo que se va a observar y cómo se va a interpretar.

Por eso, antes de salir al campo, es recomendable que el estudiante:

- Revise literatura técnica sobre el tema que va a investigar.
- Identifique las variables clave que quiere observar.
- Elabore una pequeña guía con base en conceptos claros y relevantes.

2.5. Herramientas de diagnóstico técnico

A continuación, se presentan herramientas esenciales para detectar y analizar problemas en contextos reales. Estas herramientas se usarán en conjunto en un caso práctico.

2.5.1. Observación directa y sistemática

La observación es el punto de partida en cualquier investigación técnica. En la ingeniería industrial, observar no significa simplemente «mirar lo que ocurre», sino hacerlo con un propósito, con método y con atención plena. Observar bien es una habilidad que se entrena.

El objetivo de esta herramienta es recoger información valiosa del entorno sin intervenirlo, permitiendo al ingeniero comprender cómo funciona (o no funciona) un proceso productivo o de servicio.

¿Cómo se realiza?

1. Definir el propósito de la observación.
Antes de observar, es importante tener claro qué se quiere detectar.

Ejemplo: identificar causas de tiempos muertos en una línea de ensamble.

2. Seleccionar el proceso o área a observar.
Es mejor enfocar la observación en un tramo específico del proceso para no dispersarse.

3. Preparar una guía o lista de aspectos clave a observar.
Esto puede incluir: tiempos, movimientos, pausas, errores, interacción entre operarios, fallas en máquinas, etc.

4. Realizar la observación sin intervenir.
El observador se mantiene a distancia, toma notas, cronometra o graba (si se tiene permiso), sin modificar el entorno.

5. Registrar hallazgos de forma objetiva.
Anotar hechos, no opiniones.

- Objetivo: «La operadora pausa la máquina cada 7 minutos para retirar producto».
- Subjetivo: «La operadora no trabaja bien».

6. Analizar lo observado.
Al final se revisan los patrones detectados, tiempos y problemas frecuentes.

Ejemplo aplicado

Contexto: Se observa una estación de empacado donde el supervisor reporta «baja productividad».

Guía de observación diseñada por el estudiante:

Aspecto	Observación
Tiempo de ciclo por unidad	2-5 min promedio
Retrasos entre tareas	Operador espera 30-40 segundos por material

Causa del retraso	Auxiliar de almacén tarda en traer cajas
Movimiento innecesario	Operador camina 3 metros por caja
Interacción con maquinaria	Máquina de sellado falla 1 de cada 5 veces

Conclusión preliminar: Hay pérdida de tiempo por mal abastecimiento de materiales y ubicación ineficiente.

Recomendaciones para una buena observación

- Ser discreto y respetuoso.
- Tomar notas claras, sin prejuicios.
- Observar en diferentes momentos (no solo en un turno).
- Registrar tiempos reales, no estimaciones.
- Usar formatos de observación o *checklists* simples.

2.5.2. Diagrama de flujo funcional

El diagrama de flujo funcional (también conocido como *flowchart*) es una representación gráfica secuencial de las actividades que componen un proceso productivo o de servicio. A través de símbolos estandarizados, permite observar cómo fluye el trabajo, dónde se toman decisiones y dónde puede haber retrasos, cuellos de botella o actividades innecesarias.

En la ingeniería industrial, es una herramienta esencial para comprender un proceso antes de intervenirlo, y es muy útil como complemento de la observación directa.

¿Para qué sirve?

- Para visualizar claramente las etapas de un proceso.
- Para detectar actividades redundantes, innecesarias o poco eficientes.
- Para identificar puntos críticos o vulnerables.

- Para facilitar la comunicación del proceso a otros (equipo, supervisor, cliente).
- Para servir de base para propuestas de mejora.

¿Cómo se elabora?

1. Definir el proceso a representar.

Elegir un proceso acotado; por ejemplo: «Recepción de materiales en almacén»,

«Empaque del producto A», «Atención al cliente».

2. Recolectar la información del proceso.

A través de observación directa, entrevistas o manuales. Se identifican todas las actividades, decisiones, transportes, demoras, inspecciones, etc.

3. Establecer el inicio y el fin del proceso.

Es importante que el diagrama tenga un punto de entrada y uno de salida claros.

4. Usar símbolos estandarizados.

Los más comunes son:

Símbolo	Significado
Óvalo	Inicio o fin
Rombo	Punto de decisión
Rectángulo	Actividad o tarea
Flechas	Flujo de información o material

1. **Organizar las actividades en orden secuencial.**
Desde la primera hasta la última, usando flechas que conecten los pasos.

2. **Revisar el flujo con el personal involucrado.**
Para asegurarse de que representa correctamente la realidad.

Ejemplo aplicado

Proceso: Recepción y verificación de materia prima en una empresa de alimentos.

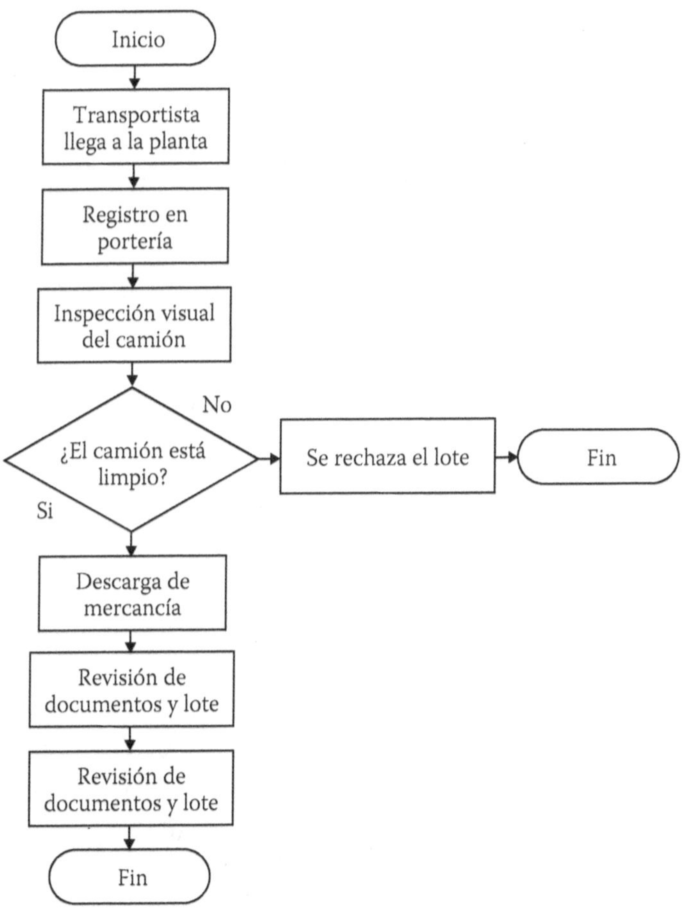

Este flujo permite identificar posibles puntos críticos:

- Demoras en portería.
- Rechazos frecuentes por mala limpieza.
- Falta de estandarización en la inspección.

Consejos para el estudiante

- Elabora primero un borrador a mano antes de pasarlo a limpio.
- No te obsesiones con la estética: lo más importante es que represente la realidad.
- Usa verbos en infinitivo para nombrar las actividades: «Registrar entrada», «Verificar calidad».
- Puedes usar herramientas como PowerPoint, Draw.io, Lucidchart o papelógrafos.
- Revisa que la secuencia de pasos tenga lógica y que no haya actividades sin conexión de entrada o salida.
- Incluye un título y una breve descripción para que quede claro el proceso que representa el diagrama.

Nota importante

No debe confundirse este diagrama de flujo del proceso con el diagrama de proceso de operaciones que se estudia en la materia *Estudio del Trabajo I*.

- El que presentamos aquí es un diagrama funcional, utilizado para visualizar la secuencia lógica de actividades con fines de diagnóstico o análisis general.
- En cambio, el diagrama de proceso de operaciones emplea una simbología técnica específica (operación, inspección, transporte, demora, almacenamiento) y se orienta al análisis detallado de métodos de trabajo y estudio de tiempos.

Ambos ayudan a comprender procesos, pero se aplican en contextos distintos y con objetivos diferentes.

2.5.3. Diagrama de causa-efecto (Ishikawa)

El diagrama de causa-efecto es una herramienta visual que ayuda a identificar, clasificar y organizar las posibles causas de un problema. Su objetivo es evitar soluciones apresuradas y fomentar un análisis profundo de las raíces del problema antes de plantear mejoras.

Fue desarrollado por el profesor japonés Kaoru Ishikawa en la década de 1960, y es ampliamente utilizado en industrias de manufactura, calidad, logística y servicios.

¿Para qué sirve?

- Para visualizar todas las posibles causas que contribuyen a un problema específico.
- Para estimular la lluvia de ideas en equipo.
- Para ordenar las causas según categorías clave.
- Para priorizar los factores a investigar con mayor profundidad.

¿Cómo se construye?

1. Definir claramente el efecto (problema).
Este se coloca al extremo derecho del diagrama, en la «cabeza del pescado».

Ejemplo: «Retrasos en la entrega de pedidos».

2. Trazar una línea horizontal central (la espina principal).
Desde el problema hacia la izquierda.

3. Dibujar las ramas principales (espinas secundarias). Representan categorías generales de causas. Las más comunes son:

1. Método
2. Máquina
3. Mano de obra
4. Materiales
5. Medio ambiente
6. Medición

En servicios o logística, también pueden usarse otras categorías como Políticas, Procesos, Personas, etc.

4. Realizar lluvia de ideas para encontrar causas específicas. Se colocan como ramificaciones más pequeñas dentro de cada categoría.

5. Analizar el diagrama completo y buscar relaciones o causas raíz.

Ejemplo aplicado

Problema: Retrasos en la entrega de pedidos.

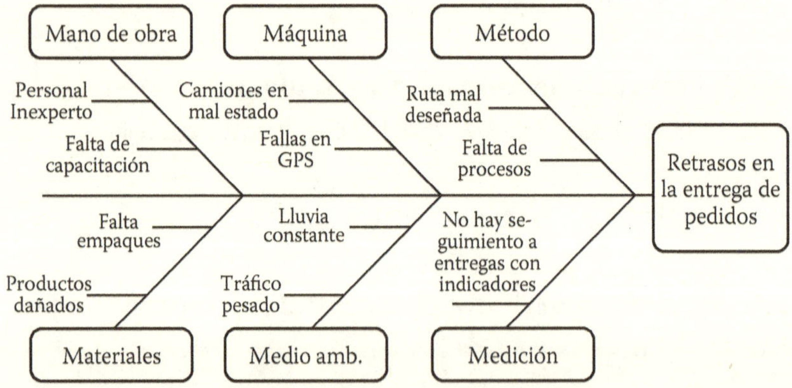

Este análisis permite que el equipo no se enfoque en una sola causa (por ejemplo, culpar al operador), sino que explore múltiples factores que influyen en el resultado.

Validar causas con datos: el siguiente paso después del Ishikawa

El diagrama de Ishikawa es una herramienta muy útil para ordenar posibles causas, pero no basta con llenar las ramas con ideas. Para que el análisis tenga validez y utilidad real, es necesario **validar esas causas con datos**.

Una vez que se ha construido el diagrama, el siguiente paso es preguntarse:

- ¿Cuál de estas causas se presenta con mayor frecuencia?
- ¿Qué datos tenemos o podemos recolectar para comprobarlo?
- ¿Cómo medimos el impacto de cada causa?

Esto permite seleccionar las causas más probables o críticas y profundizar en ellas con datos duros.

¿Y si no se cuenta con datos disponibles?

En muchas ocasiones, especialmente en investigaciones escolares o exploratorias, no se cuenta con datos previos. En estos casos, se puede:

1. Diseñar instrumentos de recolección (listas de observación, encuestas, registros de fallas, entrevistas).
2. Realizar observaciones dirigidas basadas en lo que sugiere el diagrama.
3. Formular supuestos razonables a partir de experiencia o evidencias indirectas (testimonios, registros informales, indicadores del área).

4. Jerarquizar causas según probabilidad e impacto percibido, pero señalando que es un análisis preliminar.

El objetivo del Ishikawa no es solo listar posibles causas, sino servir como base para decidir qué investigar, qué medir y cómo intervenir.

2.5.4. Diagrama de Pareto

El diagrama de Pareto es una herramienta gráfica que permite identificar las causas o factores más significativos de un problema, basándose en datos cuantitativos.

Se fundamenta en el **principio 80/20**, propuesto por el economista Vilfredo Pareto, que señala que en muchos fenómenos **el 80 % de los efectos provienen del 20 % de las causas**.

En ingeniería industrial, esta herramienta se utiliza para dirigir la atención a los factores más importantes en términos de **frecuencia, impacto o costo**.

¿Para qué sirve?

- Para priorizar causas o problemas.
- Para visualizar cuáles son los más frecuentes o críticos.
- Para focalizar recursos en lo que realmente impacta el sistema.
- Para tomar decisiones basadas en datos, no suposiciones.

¿Cómo se elabora?

1. Recolectar datos reales sobre la ocurrencia de fallas, errores, rechazos, tiempos, etc.
2. Clasificar las causas o factores por categoría (p. ej., tipos de defecto, causas de retraso, motivos de reclamo).

3. Contar o medir la frecuencia o el impacto de cada categoría.
4. Ordenarlas de mayor a menor según su valor numérico.
5. Calcular los porcentajes individuales y acumulados.
6. Graficar en dos ejes:
   - **Barras:** frecuencia o impacto por categoría.
   - **Línea:** porcentaje acumulado.

Ejemplo aplicado

Problema: Causas de retrasos en la entrega de pedidos. Se recopilaron datos de 50 entregas fallidas.

Causa	Frecuencia	% Individual	% Acumulado
Ruta mal diseñada	15	30 %	30 %
Lluvia intensa	12	24 %	54 %
Falta de empaques	8	16 %	70 %
Camiones descompuestos	7	14 %	84 %
Fallas en GPS	5	10 %	94 %
Productos dañados	3	6 %	100 %

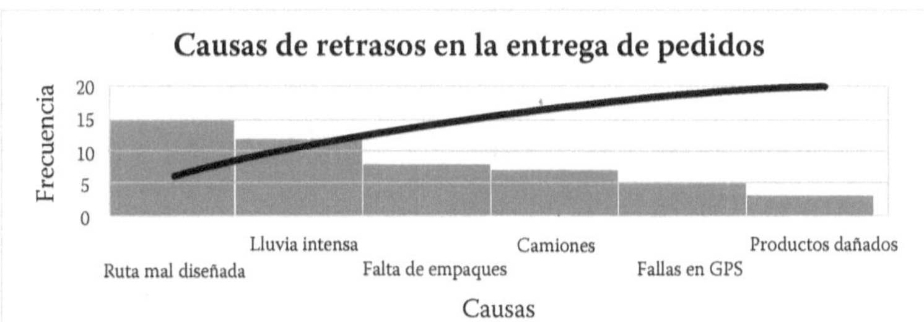

Interpretación

Concentrando esfuerzos en las tres primeras causas (ruta mal diseñada, lluvia intensa, falta de empaques), se podría reducir el 70 % de los retrasos.

¿Cómo se relaciona con el diagrama de Ishikawa?

Después de hacer el diagrama de causa-efecto, el equipo puede usar el diagrama de Pareto para responder:

- ¿Cuál de todas estas causas ocurre con más frecuencia?
- ¿Dónde conviene enfocar la recolección de datos?
- ¿Qué causas justifican una intervención inmediata?

Este paso transforma un análisis cualitativo en uno cuantitativo, ayudando a tomar decisiones con mayor objetividad.

Consejos para el estudiante

- Asegúrate de tener una base de datos suficiente (al menos 30 registros) para que el análisis tenga valor.
- Usa herramientas como Excel para construir el gráfico con mayor facilidad.
- No confíes solo en la percepción: muchas veces lo que «parece ser el problema principal» no lo es.
- Usa colores o resaltados para identificar visualmente el «punto de corte» en la curva acumulada.

2.6. Caso práctico integrado: Diagnóstico en cafetería universitaria

Contexto: Estudiantes reportan largas filas en la hora de almuerzo.

Aplicación de herramientas:

1. **Observación directa:** Se cronometran tiempos de atención. Se detecta que el punto crítico es la estación de pago.

2. **Diagrama de flujo:** Se mapea el proceso desde que el estudiante llega hasta que recibe el alimento.
3. **Diagrama de Ishikawa:** Se identifican causas como lentitud en el software, cajero sin apoyo, menú mal visible.
4. **Diagrama de Pareto:** Se cuantifican causas y se observa que el 60 % del tiempo se pierde por espera en la caja.

Conclusión: El cuello de botella es el punto de pago.

Recomendación: Agregar lector de código QR para pagos rápidos.

2.7. Actividad integradora

Objetivo: Aplicar herramientas de diagnóstico a un proceso real o simulado.

Instrucciones:

1. Elige un proceso conocido.
2. Realiza una observación directa y registra datos.
3. Elabora un diagrama de flujo funcional.
4. Diseña un diagrama de Ishikawa con causas posibles.
5. (Opcional) Si tienes datos, haz un diagrama de Pareto.
6. Redacta una conclusión y propósito de mejora.

Producto esperado: Informe técnico de 2-3 cuartillas con los diagramas integrados.

Conclusión del capítulo

Detectar un problema de forma correcta es el primer paso de toda investigación o mejora técnica. Este capítulo brindó herramientas para observar, representar, analizar y priorizar causas de manera sistemática y objetiva. Aplicadas correctamente, estas técnicas permiten fundamentar el planteamiento del problema que se desarrollará en el siguiente capítulo.

Recuerda: un problema mal definido conduce a soluciones sin impacto. Observar con método, analizar con criterio y priorizar con datos distingue al ingeniero industrial como investigador de campo y agente de mejora continua.

Capítulo 3: planteamiento del problema y objetivos

Introducción

Uno de los errores más comunes y críticos al iniciar una investigación es plantear el problema de forma vaga, superficial o incompleta. En la ingeniería industrial, esto puede traducirse en proyectos que no resuelven problemas reales, soluciones mal dirigidas o mejoras que no generan impacto.

El planteamiento del problema es la base sobre la cual se construye todo el proyecto de investigación y, por lo tanto, debe ser claro, técnico y relevante.

Este capítulo tiene como objetivo guiar al estudiante en ese proceso de traducción: desde una situación detectada en el campo hasta una formulación correcta del problema, la pregunta y los objetivos.

Se presentarán criterios para plantear problemas viables, ejemplos bien formulados, errores comunes y ejercicios para redactar correctamente los elementos centrales del protocolo de investigación aplicada.

El propósito es que el estudiante comprenda que un problema bien planteado es la mitad de la solución y que formularlo con claridad le permitirá diseñar propuestas útiles, viables y respaldadas por datos.

3.1. Diferencia entre tema, problema y pregunta

Antes de comenzar, es importante aclarar que el tema de una investigación no es lo mismo que el problema de investigación. A continuación, se exponen sus diferencias.

Elemento	Descripción	Ejemplo industrial
Tema	Campo general de interés.	Productividad en almacenes.
Problema	Situación concreta no deseada que afecta a personas o procesos.	Altos tiempos de espera en la zona de surtido.
Pregunta	Cuestión específica que orienta la investigación.	¿Cuáles son las causas de los tiempos de espera?

La investigación parte del interés por un tema, pero necesita delimitarse en un problema real, observable y relevante.

3.2. El planteamiento del problema

¿Qué es el planteamiento del problema y por qué es fundamental?

El planteamiento del problema es una descripción clara, estructurada y contextualizada de una situación no deseada o una condición que limita la eficiencia, productividad o calidad de un sistema. En la ingeniería industrial, esta etapa permite traducir una problemática real en un reto investigable, técnicamente abordable y medible.

Un buen planteamiento no comienza directamente con el problema, sino con una descripción del contexto. Esto implica analizar con profundidad:

- Dónde ocurre la situación: ubicación física, área del proceso, condiciones del entorno.
- Qué proceso está involucrado: tipo de operación, flujo de trabajo, insumos y productos.

- Qué evidencias indican que hay un problema: registros, datos históricos, observaciones de campo.
- Quiénes están afectados: operarios, supervisores, clientes, entre otros.

Para construir este contexto de forma sólida, el estudiante debe realizar una recolección de datos relevantes, tales como:

- Indicadores de desempeño (eficiencia, productividad, calidad).
- Registros de fallas, tiempos muertos, reprocesos o quejas.
- Entrevistas o encuestas a los involucrados.
- Observaciones sistemáticas del proceso.

Además, es necesario sustentar teóricamente la problemática desde el inicio. Esto significa consultar fuentes confiables (libros, artículos, normas, tesis previas) que ayuden a entender el fenómeno, sus causas potenciales y su impacto. Este sustento teórico no solo enriquece la redacción del planteamiento, sino que orienta la interpretación de los datos y la definición de variables clave.

Del contexto a la delimitación

Una vez que se ha descrito el entorno general y se cuenta con evidencias suficientes, se debe delimitar la problemática. La delimitación implica reducir la amplitud del fenómeno para centrarlo en un proceso, área, tiempo, producto, turno o grupo específico. Sin esta delimitación, el problema será demasiado general y difícil de abordar con rigor metodológico.

Para ello, pueden utilizarse herramientas de diagnóstico como:

- Diagramas de flujo.
- Diagramas de causa-efecto.

- Diagramas de Pareto.
- *Checklists* de inspección.

Como vimos en el capítulo anterior, estas herramientas permiten identificar patrones, áreas críticas y relaciones causales preliminares.

Ejemplo:

- Contexto amplio: «La empresa X presenta niveles bajos de productividad».
- Con datos y herramientas: se observa que la productividad baja ocurre principalmente en la estación de ensamble, turno matutino, producto A. El Pareto muestra que el 70 % de los retrasos se originan por reabastecimiento tardío de materiales.
- Delimitación adecuada: «El área de ensamble manual del turno matutino en la línea de producción del producto A presenta demoras que impactan el cumplimiento de metas de producción».

La delimitación transforma una preocupación general en un objeto de estudio claro y manejable.

3.3. Formulación del problema

Formular el problema significa redactarlo como una pregunta clara, directa y enfocada, que guiará toda la investigación. Esta pregunta debe:

- Incluir las variables o fenómenos que se analizarán.

- Señalar la relación entre ellos o los efectos que se desean evaluar.
- Ser viable de responder con datos reales y medibles.

Ejemplos:

- ¿Qué factores están generando tiempos muertos en la estación de corte del proceso de manufactura del producto B?
- ¿Cuál es la relación entre la distribución de planta y los retrasos en el área de embarques?
- ¿Cómo impacta la falta de estandarización del método de trabajo en los niveles de productividad del área de empaque?

La formulación correcta del problema implica identificar al menos dos variables: una dependiente (el efecto o consecuencia) y una o más independientes (causas posibles).

Estas variables deben haber sido identificadas previamente en el análisis del contexto y respaldadas con datos y teoría. Una buena formulación dirige la búsqueda de información, define el tipo de estudio y orienta las decisiones metodológicas.

Una investigación sin una formulación clara del problema es como una brújula sin norte: se recopilan datos, pero no se sabe hacia dónde se va.

Características de un buen planteamiento del problema

Un buen planteamiento del problema debe cumplir con las siguientes características:

- **Claridad:** está escrito en un lenguaje preciso, sin ambigüedades.

- **Delimitación contextual:** se enmarca en un tiempo, lugar, proceso o grupo definido.
- **Fundamentación teórica:** incluye antecedentes, conceptos y referencias que sustentan la existencia del problema.
- **Justificación técnica:** se explica por qué es importante resolver el problema desde el punto de vista operativo, económico o social.
- **Enlace con variables:** deja clara la relación entre fenómenos que se investigarán.

Ejemplos de redacción

- Planteamiento superficial (incorrecto): «La empresa tiene muchos problemas en su producción y necesita mejorar».
- Planteamiento mejorado (correcto): «En la línea de ensamble del producto A de la empresa XYZ, se han identificado demoras constantes que reducen la productividad del turno matutino. Estas demoras, según observaciones y registros de tiempos, se relacionan principalmente con fallas en el suministro interno de materiales. Esta situación afecta el cumplimiento de pedidos y genera sobrecarga en el turno vespertino».

Errores comunes al plantear un problema

A continuación, se presentan los errores más frecuentes que se deben evitar:

- Describir síntomas y no causas: centrarse en efectos visibles sin investigar el origen del problema.
- Generalización excesiva: usar términos vagos como «falta de eficiencia» sin explicar en qué área o bajo qué condiciones.

- Falta de evidencia: no incluir datos o ejemplos que respalden la existencia del problema.
- Ausencia de delimitación: describir el problema como si afectara a toda la empresa, sin acotarlo a un proceso específico.
- Confusión entre problema y solución: plantear una mejora directamente como si fuera el problema a investigar.

Guía paso a paso para plantear el problema

1. Describe el contexto: explica dónde ocurre el fenómeno y qué características lo rodean.
2. Recaba datos relevantes: utiliza observaciones, registros y herramientas básicas como diagramas de flujo o Pareto.
3. Consulta fuentes teóricas: busca conceptos clave, investigaciones similares o definiciones técnicas del fenómeno.
4. Delimita el problema: concreta el área, producto, proceso, turno o etapa específica que vas a estudiar.
5. Redacta el planteamiento narrativo: presenta el problema como una situación real, con causas posibles y consecuencias.
6. Formula la pregunta de investigación: define con claridad la relación entre variables o el fenómeno que deseas analizar.

Ejercicio práctico sugerido

Instrucciones:

1. Observa un proceso dentro o fuera de la escuela (cafetería, biblioteca, sala de cómputo, almacén, etc.).
2. Registra datos que puedan indicar la existencia de un problema (tiempos, errores, esperas, fallas).
3. Delimita el problema y redacta un planteamiento completo.

4. Formula una pregunta de investigación clara.
5. Presenta tu trabajo en una cuartilla.

Este ejercicio permite aplicar los conceptos del capítulo y preparar el terreno para establecer objetivos e hipótesis.

3.4. Objetivos y justificación de la investigación

Redacción de los objetivos

El objetivo general de una investigación debe ser la respuesta clara y directa al problema planteado. Es decir, si el planteamiento del problema identifica una situación que afecta negativamente a un proceso, entonces el objetivo debe resolver esa situación al finalizar el estudio.

Para que un objetivo esté correctamente formulado, debe responder a tres preguntas clave:

- ¿Qué se va a hacer? (acción principal: analizar, evaluar, proponer, diseñar...)
- ¿Para qué se va a hacer? (finalidad práctica o teórica)
- ¿Cómo se va a hacer? (enfoque, método o herramienta utilizada)

Ejemplo:

- Objetivo general: «Analizar las causas del retrabajo en el área de empaque del producto B para proponer acciones de mejora mediante el uso de herramientas de calidad».

Este objetivo es claro, medible y está vinculado directamente con el problema investigado.

Objetivos específicos

Los objetivos específicos desglosan el objetivo general en acciones concretas, ordenadas y lógicas, que permiten avanzar de manera sistemática hacia la resolución del problema de investigación. Cada uno debe expresar con claridad una acción puntual que contribuya al logro del objetivo general, manteniendo coherencia con la pregunta de investigación y con el marco teórico previamente desarrollado.

Además, **deben redactarse con verbos en infinitivo** que indiquen acciones observables y medibles (como *identificar, analizar, comparar, determinar* o *evaluar*), evitando términos vagos o ambiguos.

Preferentemente, estos objetivos deben estar **alineados con procedimientos o metodologías reconocidas y fundamentadas en el marco teórico**, representando así **etapas del diseño metodológico** que serán abordadas durante el desarrollo del estudio. Una correcta formulación de objetivos específicos facilita la selección de técnicas de recolección y análisis de datos, y permite evaluar con precisión el cumplimiento del propósito de la investigación.

Ejemplo:

1. Diagnosticar el proceso actual de empaque del producto B mediante observación directa y análisis documental.
2. Identificar las principales causas del retrabajo utilizando herramientas como el diagrama de Ishikawa y el diagrama de Pareto.
3. Evaluar el impacto del retrabajo sobre la productividad general del área.
4. Proponer acciones de mejora sustentadas en principios de control de calidad.

Justificación de la investigación

Justificar una investigación significa demostrar, con argumentos sólidos y datos verídicos, por qué vale la pena realizarla. La justificación debe incluir elementos que muestren la importancia, pertinencia y oportunidad del estudio.

Dimensiones comunes a considerar:

- **Técnica:** mejora procesos, reduce tiempos, aumenta calidad.
- **Económica:** ahorra costos, reduce desperdicio.
- **Social:** mejora condiciones laborales o atención a clientes.
- **Académica:** contribuye a nuevos conocimientos o metodologías.

Criterios para una justificación robusta:

- **Magnitud del problema:** ¿qué tan frecuente, extendido o grave es el fenómeno?
- **Trascendencia:** ¿a cuántas personas o procesos afecta y en qué grado?
- **Factibilidad:** ¿existen los recursos, permisos, datos y condiciones necesarias para hacer el estudio?
- **Viabilidad:** ¿el estudio se puede realizar en el tiempo disponible? ¿Es ejecutable en el entorno del estudiante?
- **Vulnerabilidad:** ¿la población o el proceso afectado está en riesgo o en condición crítica?
- **Impacto esperado de los resultados:** ¿qué mejoras concretas se podrían generar? ¿Qué decisiones se podrían tomar con la información obtenida?
- **Población potencialmente beneficiada:** ¿a quién beneficiará el estudio de manera directa e indirecta?
- **Oportunidad:** ¿es este el momento adecuado para tratar el problema? ¿Hay condiciones externas que favorecen su solución?

- **Posibilidad de generar productos de interés público:** guías, manuales, propuestas, herramientas, protocolos, etc.
- **Generación de nuevas líneas de investigación:** ¿puede abrir la puerta a otros estudios complementarios?
- **Beneficios para la institución:** mejoras en procesos, imagen, toma de decisiones o cumplimiento de objetivos.
- **Grados académicos a obtener:** título, grado técnico, licenciatura, etc.
- **Otros beneficios académicos:** aprendizaje significativo, experiencia metodológica, aplicación del conocimiento.

Una justificación sólida no solo convence al lector de que el estudio es importante, sino que también le da al investigador una visión clara del propósito y el valor de su proyecto.

3.5. Ejemplo práctico de redacción

- **Problema formulado:** ¿Qué factores provocan demoras en la línea de empaque del producto A durante el turno vespertino en la empresa XYZ?
- **Objetivo general:** Analizar los factores que provocan demoras en la línea de empaque del producto A durante el turno vespertino, para proponer mejoras utilizando herramientas de análisis de procesos.
- **Objetivos específicos:**
    1. Observar y registrar el proceso actual de empaque en el turno vespertino.
    2. Identificar las causas más frecuentes de demora mediante diagramas de flujo y análisis causa-efecto.
    3. Evaluar el impacto de las demoras en el cumplimiento de producción.

4. Proponer acciones de mejora fundamentadas en principios de *Lean Manufacturing*.

Justificación resumida:

El estudio es relevante porque las demoras afectan el cumplimiento de pedidos y generan retrabajo, lo que impacta en costos y satisfacción del cliente. Por ejemplo, datos del departamento de control de producción indican que, durante el último trimestre, el 32 % de los pedidos del producto A fueron entregados con al menos 12 horas de retraso. De estos casos, el 65 % se originaron en el área de empaque. Además, se registraron 18 horas, promedio, semanales de retrabajo en ese mismo turno, lo cual incrementa los costos operativos en un 8 % mensual.

Estas cifras evidencian que el problema tiene magnitud, impacto económico y consecuencias directas en la percepción del cliente. La investigación es viable dentro del periodo académico, se cuenta con el apoyo del área de producción, y los resultados podrían beneficiar directamente al departamento operativo, mejorando los tiempos de entrega y reduciendo retrabajos innecesarios.

Errores comunes en objetivos y justificación

- Redactar objetivos con verbos vagos como «conocer» o «estudiar».
- Confundir actividades con objetivos (por ejemplo: «realizar entrevistas» no es un objetivo, sino una técnica).
- Formular objetivos que no están alineados con el problema.
- Redactar objetivos sin considerar cómo se van a alcanzar.
- Justificaciones muy generales o sin argumentos verificables.

- Repetir el mismo texto del planteamiento del problema como justificación.

3.6. Actividad integradora

Objetivo: Redactar los elementos centrales del planteamiento del problema.

Instrucciones:

1. Parte de un problema detectado o de la actividad anterior.
2. Redacta:
   - Planteamiento del problema (de 1 a 3 párrafos).
   - Pregunta de investigación.
   - Objetivo general.
   - Tres objetivos específicos.
   - Justificación (media cuartilla).

Producto esperado: Documento de máximo 2 cuartillas con redacción técnica y ejemplos específicos.

Conclusión del capítulo

Saber plantear correctamente un problema es la base de una buena investigación. Este capítulo te dio herramientas para convertir una situación observada en una pregunta de investigación clara, viable y relevante.

Al definir con precisión el objetivo del estudio, se facilita el diseño metodológico, la recolección de datos y la presentación de resultados.

En los siguientes capítulos aprenderás a construir tu marco teórico y a seleccionar el método adecuado para responder la pregunta planteada. **Una buena investigación comienza con una buena pregunta.** Tu labor como ingeniero es hacerla con criterio, datos y un propósito de mejora clara.

Capítulo 4: marco teórico y revisión de literatura

Introducción

El marco teórico es el corazón del proceso de investigación, ya que en él se establece todo el encuadre conceptual y científico que da sustento a las decisiones del investigador. Es el espacio donde se justifica, argumenta y fundamenta la importancia del estudio a través de autores, modelos, leyes, teorías y antecedentes que explican el fenómeno investigado.

El marco teórico formaliza la confiabilidad del estudio, le otorga validez científica y permite que las aseveraciones del proyecto no sean opiniones, sino argumentos sostenidos por evidencia.

Un error común entre los estudiantes es copiar y pegar definiciones sin construir una narración propia. El marco teórico debe ser un escrito original (*constructo*) en el que el investigador:

- Introduce y organiza los conceptos clave que usará.
- Revisa los antecedentes: estudios previos, datos históricos o investigaciones similares.
- Describe las teorías relevantes que explican el fenómeno.
- Define cómo se abordará la solución del problema desde una base científica.
- Establece la base conceptual para analizar los resultados.

Cada afirmación debe estar sustentada con citas de autores reconocidos y con publicaciones confiables (artículos científicos, tesis académicas, libros especializados, normas técnicas, etc.). A su vez, debe estar organizado con coherencia, agrupando la información **de lo general a lo particular**, **de lo teórico a lo aplicado**, y siempre **en función del problema planteado**.

En la ingeniería industrial, donde se abordan fenómenos complejos como la productividad, los desperdicios o la logística, contar con un marco teórico sólido permite delimitar **qué se va a medir, por qué y cómo**.

Este capítulo se desarrollará con una guía clara para construir un marco teórico sólido, incluyendo la búsqueda, análisis, redacción y organización del contenido académico.

4.1. ¿Qué es el marco teórico?

Es el conjunto de conceptos, modelos y antecedentes que sustentan una investigación. Sirve para:

- Definir con claridad las variables o categorías del estudio.
- Relacionar el problema con teorías existentes.
- Establecer una «base común» con el lector.
- Orientar el diseño metodológico.

Ejemplo aplicado:

Si el problema detectado es el bajo desempeño en una línea de ensamblaje, el marco teórico podría incluir:

- Teorías de productividad.
- Concepto de tiempos estándares.
- Modelos de mejora continua como *Lean* o TOC.

4.2. Revisión de la literatura

La elaboración del marco teórico se construye a partir de una **revisión de literatura rigurosa y sistemática**. Esta revisión permite identificar los antecedentes, teorías y enfoques relevantes para fundamentar la investigación.

A continuación, se presenta un cuadro comparativo que permite comprender de forma clara y concisa la **diferencia entre ambos conceptos**.

Elemento	Propósito	Características
Marco teórico	Explicar el problema desde teorías y modelos existentes	Integra conceptos clave y su relación con el problema
Revisión de literatura	Mostrar qué se ha investigado antes sobre el tema	Resume investigaciones previas, hallazgos, vacíos o controversias

Estrategias para la búsqueda de información confiable

Una parte fundamental para construir un marco teórico sólido es saber **dónde y cómo** buscar la información adecuada.

Fuentes confiables sugeridas:

- Libros especializados en ingeniería industrial, metodología de la investigación y disciplinas relacionadas.
- Artículos científicos publicados en revistas académicas indexadas (Scopus, Redalyc, Scielo, Springer, IEEE, etc.).
- Tesis o trabajos de investigación académicos de nivel licenciatura o posgrado, preferentemente de universidades reconocidas.
- Normas técnicas y manuales oficiales (ISO, NOM, NMX, etc.).

- Bases de datos académicas: Google Scholar, RedALyC, Scielo, ScienceDirect, JSTOR.

Evita el uso exclusivo de **sitios web de baja calidad, blogs no especializados, fuentes sin autor** o **páginas sin respaldo académico**.

Técnicas para optimizar la búsqueda:

- Usar **palabras clave específicas**: «diseño de métodos de trabajo», «eficiencia operativa en líneas de ensamble», «causas de desperdicio industrial», etc.
- Combinar **operadores booleanos**: «productividad AND manufactura», «lean OR mejora continua».
- Verificar la **fecha de publicación** para asegurarse de que la información esté actualizada.

Según **Creswell y Creswell (2018)**, una **revisión de literatura rigurosa** permite no solo contextualizar un problema, sino también identificar **vacíos teóricos** y **oportunidades para investigaciones aplicadas**.

4.3. Estructura sugerida del marco teórico

El marco teórico debe estructurarse de manera **lógica, jerárquica y progresiva**. A continuación, se presenta una guía para organizar su contenido de forma clara y coherente:

1. **Definición de conceptos clave**

Con base en tu pregunta de investigación, identifica:

- Variables o categorías principales (p. ej.: productividad, tiempos muertos, desperdicio).

- Modelos o enfoques relacionados (p. ej.: *Lean Manufacturing*, MTM, 5S).

Consejo: No te límites a copiar definiciones. Compara varios autores, selecciona la más pertinente y redacta con tus propias palabras.

Ejemplo:

El término «tiempo muerto» puede definirse como cualquier intervalo en el cual el operario o el equipo están inactivos por causas atribuibles al sistema. Según **Shingo (1989)**, estos tiempos deben clasificarse y atacarse como desperdicio.

2. **Antecedentes de investigación**
    - Resume estudios previos relacionados con el problema.
    - Indica **quién investigó, qué estudió, con qué método y qué resultados obtuvo**.
    - Permite situar el problema dentro del conocimiento actual y evitar duplicidad.

3. **Teorías o enfoques explicativos**
    - Selecciona teorías o modelos que expliquen el fenómeno investigado.
    - Deben permitir entender **causas**, **relaciones entre variables** o **comportamiento del sistema**.
    - Ejemplos: teoría de restricciones, principios de *Lean Manufacturing*, ergonomía, teoría de colas.

4. **Modelos de solución o lineamientos técnicos**
    - Incluye metodologías o herramientas que se utilizarán para resolver el problema.

- Ejemplos: ciclo PHVA, DMAIC, 5S, VSM, SPC.

5. **Relación con el problema de investigación**
   - Explica cómo cada sección del marco teórico está vinculada al problema.
   - Establece la **lógica** que une conceptos, antecedentes y teorías con los objetivos planteados.
   - Muestra cómo el marco teórico servirá como base para **interpretar los resultados**: qué relaciones se esperan, qué comportamientos se anticipan y bajo qué criterios teóricos se evaluarán los hallazgos.
   - Define las **variables desde una perspectiva teórica y operativa**, explicando cómo serán medidas o analizadas a la luz de los referentes seleccionados.

Recuerda que el **marco teórico** no solo fundamenta el problema y la metodología, sino que **anticipa el enfoque** con el que se interpretarán los datos obtenidos.

Recomendaciones para redactar el marco teórico

- Organiza **por bloques temáticos**: agrupa contenidos por temas o subtemas.
- Redacta **con voz propia**: interpreta, compara y articula ideas; no solo transcribas.
- Cita correctamente: utiliza **normas APA** o institucionales.
- Evita **definiciones sueltas**: cada concepto debe insertarse en una narrativa.
- Apoya con **cuadros o tablas** si ayudan a resumir comparaciones o clasificaciones.
- Evita **plagio**: parafrasea de forma técnica y usa comillas solo para citas textuales breves.

Un buen **marco teórico** es como un **andamiaje conceptual**: sostiene el estudio y le da validez. Es una construcción progresiva que refleja el **dominio del investigador** sobre el tema.

4.4. Construcción del marco teórico paso a paso

1. Identificar las palabras clave del problema y de los objetivos.
2. Buscar información confiable relacionada con esos términos en fuentes académicas.
3. Leer y seleccionar **solo los contenidos** que realmente explican el fenómeno de estudio.
4. Agrupar la información **por temas o subtemas**: conceptos, antecedentes, teorías, metodologías.
5. Redactar **con voz propia**, explicando lo que dicen los autores, comparando ideas y enlazando los temas.
6. Citar correctamente cada idea o dato tomado de fuentes externas.
7. Revisar la **coherencia interna**: todo lo incluido en el marco debe relacionarse con el problema y los objetivos.

El **marco teórico** no debe ser una colección de definiciones, sino una **narrativa técnica, crítica y estructurada** que dé sentido a la investigación.

4.5. Errores comunes al elaborar el marco teórico

- Definir sin relacionar: incluir definiciones aisladas sin explicar su vínculo con el problema.
- Copia literal sin análisis: reproducir fragmentos extensos sin paráfrasis ni interpretación.

- Falta de citas: presentar ideas ajenas como propias o sin indicar la fuente.
- Desorganización temática: mezclar teorías, antecedentes y conceptos sin estructura clara.
- Incluir información irrelevante: usar contenidos sin relación directa con el problema ni con los objetivos.

Recomendaciones finales:

- Asegúrate de que **cada apartado** del marco teórico aporte **explicación o sustento directo** al problema.
- Usa **autores representativos** del campo de estudio, preferentemente con publicaciones académicas reconocidas.
- Cuida la **coherencia argumentativa**: conecta párrafos, justifica transiciones y aclara relaciones entre ideas.
- Verifica que el marco incluya también **criterios de interpretación de resultados**.

4.6. Actividad sugerida

Objetivo: Elaborar un esquema inicial del marco teórico.

Instrucciones:

1. Retoma tu pregunta de investigación.
2. Escribe una lista de 3 a 5 conceptos clave.
3. Busca y registra al menos dos definiciones distintas por cada uno.
4. Compara y selecciona la más pertinente.
5. Redacta un párrafo por concepto, con redacción propia.
6. Relaciona los conceptos entre sí.

Producto esperado: Documento de 1-2 cuartillas con los conceptos clave explicados y conectados al problema.

Conclusión del capítulo

El **marco teórico** no es un simple requisito, sino una **herramienta para pensar con rigor**. Le da sustento a cada decisión metodológica y permite argumentar **por qué se estudia lo que se estudia**, con base en el **conocimiento acumulado**.

Al dominar este capítulo, estarás en capacidad de **construir un marco teórico pertinente**, que articule definiciones, teorías y antecedentes, y que fortalezca tu **protocolo de investigación aplicada**.

En el siguiente capítulo aprenderás a **operacionalizar esos conceptos** para llevarlos al terreno medible.

Capítulo 5: formulación de hipótesis y variables

Introducción

En el proceso de investigación científica, uno de los pasos fundamentales consiste en **establecer con claridad los elementos que se desean observar, medir y analizar**. Este capítulo aborda **tres componentes esenciales** para lograrlo: las **variables**, su **operacionalización** y la **formulación de hipótesis**. Comprender y dominar estos conceptos permite al investigador **estructurar un estudio riguroso**, con bases empíricas sólidas y con posibilidades reales de comprobar sus planteamientos.

Comenzaremos explicando **qué son las variables**, pues constituyen los elementos básicos de toda investigación cuantitativa: **aquello que puede medirse, compararse o relacionarse**. Identificar correctamente las variables permite al investigador **delimitar con precisión lo que va a estudiar**.

Posteriormente, abordaremos el proceso de **operacionalización de las variables**, es decir, la forma en que se **traducen los conceptos teóricos en indicadores medibles**. Este paso es crucial para transformar **ideas abstractas** en **datos observables** que puedan recogerse de forma sistemática.

Finalmente, una vez **identificadas y operacionalizadas** las variables, se presentará la **formulación de hipótesis**, entendida como **una proposición que establece una relación esperada entre dos o más variables**. Las hipótesis **orientan la recolección y el análisis de datos**, y funcionan como **punto de partida para la validación o refutación de supuestos** mediante la evidencia empírica.

El desarrollo de este capítulo busca que el lector **no solo comprenda estos conceptos**, sino que sea **capaz de aplicarlos correctamente** en la construcción de su propio proyecto de investigación.

5.1. ¿Qué es una variable?

Una **variable** es **una característica observable o medible** que puede cambiar de un caso a otro y que está **relacionada con el fenómeno que se investiga**.

Ejemplos comunes en ingeniería industrial:

- Tiempo de ciclo.
- Nivel de retrabajo.
- Tasa de defectos.
- Productividad.
- Tiempo de espera.

Importancia: Las variables permiten **cuantificar el problema** y **evaluar si hubo mejora** tras una intervención.

5.2. Tipos de variables

Las variables pueden clasificarse de acuerdo con distintos criterios:

- **Según su función:** independiente, dependiente, interviniente, etc.
- **Según su nivel de medición:** nominal, ordinal, de intervalo, de razón.
- **Según su naturaleza:** cualitativa o cuantitativa.

Tipos de variables según su función

En la ingeniería industrial, las variables comúnmente están relacionadas con la **mejora de procesos, calidad, costos y tiempos**. Estas pueden clasificarse como:

Tipo	Descripción	Ejemplo en ingeniería industrial
Dependiente	Resultado o efecto que se quiere explicar o predecir.	Tiempos de espera en almacén
Independiente	Factor que se supone influye o explica a la dependiente.	Cantidad de personal por turno
Interviniente o extraña	Variable que puede alterar la relación entre las anteriores.	Lluvia, software lento, fatiga laboral
Variables de control	Variables que se mantienen constantes para evitar que interfieran con la relación entre independiente y dependiente.	Tipo de mercancía, experiencia del personal

Identificar correctamente las **variables** permite establecer **indicadores medibles y precisos** para la evaluación de los procesos.

5.3. Operacionalización de variables

La **operacionalización** es el proceso mediante el cual se **definen los procedimientos específicos para medir una variable**. Es decir, indica **cómo se transforma una variable abstracta o general en indicadores concretos y medibles**.

Este paso es **crucial** para garantizar que la información recolectada sea **útil, comparable y adecuada** a los objetivos de la investigación.

Pasos para la operacionalización de variables:

1. Nombrar la variable (independiente o dependiente).
2. Definirla conceptualmente (según la teoría o el marco de referencia).
3. Definirla operacionalmente (cómo será medida o evaluada).
4. Establecer unidades de medición (porcentaje, tiempo, número de errores, etc.).

Ejemplo de tabla de operacionalización

Variable	Definición conceptual	Definición operacional	Unidad de medida
Tiempo de ciclo	Tiempo total requerido para completar una tarea.	Promedio de minutos por ciclo de producción.	Minutos
Porcentaje de calidad	Proporción de productos que cumplen especificaciones.	Número de productos sin defectos/total producidos x 100	Porcentaje (%)
Eficiencia operativa	Relación entre producción real y capacidad instalada.	Producción real/ capacidad instalada x 100	Porcentaje (%)

5.4. La hipótesis como motor del análisis

La hipótesis es una proposición o suposición que establece una relación entre dos o más variables y que puede ser comprobada o refutada mediante la observación sistemática o la experimentación. En el contexto de la ingeniería industrial, una hipótesis permite plantear posibles soluciones, causas o consecuencias dentro de los procesos productivos o administrativos, orientando la investigación hacia la obtención de respuestas concretas.

La formulación de hipótesis cumple una función clave en estudios de tipo explicativo o experimental, donde es necesario anticipar un comportamiento o resultado a partir de la manipulación o el análisis de ciertas variables. Sin embargo, no todos los proyectos de investigación requieren una hipótesis. En investigaciones exploratorias o descriptivas, donde el objetivo es conocer o caracterizar fenómenos sin intentar establecer relaciones causales, la hipótesis puede no ser necesaria.

¿Cuándo no es necesaria una hipótesis?

- En estudios exploratorios, donde apenas se comienza a conocer el fenómeno.
- En investigaciones descriptivas, donde el propósito es detallar características o comportamientos sin establecer causas.
- Cuando el proyecto consiste únicamente en un diagnóstico o levantamiento de información sin intervenir variables.

¿Cómo se formula una hipótesis?

Formular una hipótesis implica establecer una posible explicación o predicción sobre la relación entre dos o más variables. Este proceso debe cumplir ciertos criterios:

1. **Basarse en el marco teórico:** la hipótesis debe tener sustento en la teoría o antecedentes revisados.
2. **Establecer una relación entre variables:** generalmente, una variable independiente (causa) y una dependiente (efecto).
3. **Ser comprobable:** debe poder verificarse mediante la recolección y el análisis de datos.
4. **Ser clara y precisa:** evitar ambigüedades o generalidades.

Estructuras comunes de hipótesis:

- **Hipótesis descriptiva:** «El 70 % de los trabajadores presenta errores al usar herramientas manuales».
- **Hipótesis correlacional:** «Existe una relación entre la capacitación del personal y la reducción de errores».
- **Hipótesis causal:** «La falta de capacitación en el uso de herramientas manuales incrementa el número de defectos».
- Ejemplo de formulación de hipótesis causal:
- **Variable independiente:** nivel de capacitación del personal.
- **Variable dependiente:** número de defectos en productos ensamblados.
- **Hipótesis:** «Si se incrementa el nivel de capacitación del personal en el uso de herramientas manuales, entonces disminuirá el número de defectos en los productos ensamblados».

5.5. Actividad integradora: identificación y operacionalización de variables en un caso práctico

Lee el siguiente caso:

Una empresa de manufactura desea reducir el número de productos defectuosos que salen de su línea de ensamble. El área de calidad ha observado que el principal problema está relacionado con errores humanos en el uso de herramientas manuales.

Instrucciones:

1. Determina si en este caso se requiere o no una hipótesis. Justifica tu respuesta.
2. Plantea una hipótesis, si consideras que es pertinente.

3. Identifica al menos dos variables (una independiente y una dependiente).
4. Elabora una tabla de operacionalización de las variables que identificaste.

Producto esperado:

Tabla de operacionalización con explicación breve (una cuartilla).

Esta actividad permitirá a los estudiantes aplicar los conceptos revisados en situaciones reales de su campo profesional, fortaleciendo su capacidad de análisis y diseño de investigaciones orientadas a la mejora de procesos industriales.

Conclusión del capítulo

La comprensión y correcta aplicación de los conceptos de variables, su operacionalización y la formulación de hipótesis son fundamentales para estructurar una investigación válida. Identificar las variables y definir cómo se medirán permite construir hipótesis claras y comprobables. Estos elementos no solo orientan el diseño metodológico, sino que también fortalecen la calidad y la confiabilidad de los resultados obtenidos.

Capítulo 6: metodología de la investigación

Introducción

Una vez delimitado el problema, definidos los objetivos y construido el marco teórico, el siguiente paso es diseñar una metodología clara y coherente que permita alcanzar los propósitos del estudio. La metodología es el camino estructurado que guía la recolección, el análisis y la interpretación de los datos.

En el caso del ingeniero industrial, este capítulo debe tener un enfoque práctico y riguroso, ya que no se trata solo de aplicar métodos por cumplir un requisito académico, sino de utilizar procedimientos que permitan encontrar causas, validar hipótesis, generar mejoras o evaluar el comportamiento de un sistema real.

La metodología de investigación responde a tres grandes preguntas:

- ¿Qué tipo de estudio se realizará? (Exploratorio, descriptivo, explicativo, experimental).
- ¿Con qué herramientas se recopilarán los datos? (Observación, encuestas, cronometraje, análisis documental, etc.).
- ¿Cómo se procesarán y analizarán los datos? (Estadística descriptiva, análisis cualitativo, simulación, etc.).

Cabe destacar que, dependiendo del tipo de problema y del contexto del proyecto, en algunos casos el investigador puede optar por seguir una metodología ya definida, como DMAIC, PHVA, 8D, 5S o alguna norma técnica. En estos casos, la función principal será adaptar el plan de acción de dicha metodología a la situación específica, documentando cada fase y sus resultados. Esta práctica es válida y común en la ingeniería industrial, siempre que la elección esté justificada y exista un registro claro del proceso seguido.

Este capítulo incluirá los siguientes apartados:

1. Tipo y enfoque de investigación.
2. Método o diseño del estudio.
3. Población, muestra y unidad de análisis.
4. Técnicas e instrumentos de recolección de datos.
5. Procedimiento para la recolección y análisis.
6. Consideraciones éticas y de validación.

A lo largo de este capítulo se explicará cómo tomar decisiones metodológicas con base en el problema planteado, la naturaleza de las variables y los recursos disponibles.

6.1. Tipo y enfoque de investigación

El tipo y el enfoque de investigación determinan la naturaleza del estudio, el nivel de profundidad con el que se abordará el fenómeno y la forma en que se procesará la información. Elegir correctamente el tipo de investigación permite definir los métodos, técnicas y alcances del proyecto.

Enfoques de investigación

1. **Cuantitativo**
    - Se basa en la medición numérica y el análisis estadístico de datos.

- Utiliza variables claramente definidas.
- Requiere instrumentos estandarizados y muestras representativas.
- Permite generalizar resultados si se cumplen condiciones metodológicas.
- Es común en estudios de productividad, calidad, ergonomía, tiempos, etc.

2. Cualitativo

- Se enfoca en la comprensión de fenómenos desde la perspectiva de los involucrados.
- Analiza comportamientos, percepciones, procesos sociales, etc.
- Utiliza entrevistas, observaciones abiertas y estudios de caso.
- No busca generalizar, sino profundizar en un contexto particular.
- Es útil para explorar causas no visibles o entender dinámicas complejas.

3. Mixto

- Combina elementos cuantitativos y cualitativos.
- Permite obtener una visión integral del problema.
- Requiere planificación para integrar los dos enfoques de manera coherente.

En ingeniería industrial, muchos estudios son cuantitativos, pero el enfoque mixto es cada vez más común cuando se necesita comprender tanto los datos como el contexto humano.

Tipos de investigación según su alcance

1. **Exploratoria**
   - Se utiliza cuando el problema no está claramente definido o es poco conocido.
   - Busca identificar variables clave o hipótesis preliminares.
   - Se apoya en revisiones bibliográficas, entrevistas abiertas u observación inicial.

2. **Descriptiva**
   - Detalla las características, frecuencias o relaciones existentes en un fenómeno.
   - No modifica las variables, solo las mide o registra.
   - Es muy común en diagnósticos iniciales de procesos.

3. **Correlacional**
   - Estudia la relación entre dos o más variables.
   - No implica causalidad, pero permite identificar patrones.
   - Requiere análisis estadístico para validar relaciones.

4. **Explicativa**
   - Busca identificar causas o efectos.
   - Propone hipótesis y las prueba mediante evidencia empírica.
   - Es más rigurosa y compleja.

5. **Experimental**
   - Manipula una o más variables para observar su efecto en otras.
   - Requiere grupos de control y un diseño riguroso.
   - Es poco común en trabajos escolares por su complejidad, pero útil en laboratorios o simulaciones.

El estudiante debe elegir el tipo y el enfoque de investigación que mejor se adapte al problema formulado, al contexto donde se investigará y a los recursos disponibles.

6.2. Método o diseño del estudio

El diseño del estudio establece la estrategia general que se seguirá para lograr los objetivos propuestos y responder a la pregunta de investigación. Define cómo se organizarán las actividades, cómo se recopilarán los datos y bajo qué condiciones se observarán los fenómenos.

En ingeniería industrial, el diseño metodológico suele adaptarse a la lógica de resolución de problemas técnicos, que puede estructurarse como:

- Diagnóstico del estado actual (observación, levantamiento de datos, análisis de desempeño).
- Identificación de causas (herramientas de calidad, análisis de procesos, entrevistas).
- Propuesta de mejora (basada en el marco teórico y evidencia).
- Validación de la propuesta (simulación, prueba piloto, evaluación comparativa).

Tipos de diseño más comunes en investigaciones aplicadas

1. **Estudio de caso**
    - Se centra en una unidad específica (empresa, proceso, línea de producción).
    - Permite analizar con profundidad un fenómeno particular.

- Es útil cuando el problema es muy contextual o no generalizable.

2. **Diseño no experimental (transversal o longitudinal)**
   - No se manipulan variables, solo se observa y se registra lo que ocurre.
   - *Transversal*: los datos se recogen en un solo momento.
   - *Longitudinal*: los datos se recogen a lo largo del tiempo.

3. **Diseño cuasiexperimental**
   - Se implementa una intervención (como una mejora propuesta), pero sin control completo sobre las condiciones.
   - Es ideal para validar propuestas dentro del entorno real.

4. **Diseños metodológicos mixtos**
   - Combinan mediciones objetivas con percepciones cualitativas.
   - Por ejemplo: medir el tiempo de operación y, además, entrevistar a los operarios para comprender barreras percibidas.

Elegir un diseño adecuado implica considerar la naturaleza del problema, la viabilidad de implementación y la necesidad de generar evidencia confiable.

6.3. Población, muestra y unidad de análisis

Este apartado tiene como propósito definir claramente quiénes o qué elementos serán estudiados en la investigación y cómo se seleccionarán para obtener datos relevantes y válidos.

Población

Es el conjunto total de personas, procesos, productos o elementos que comparten características comunes y que están vinculados con el problema de investigación. Por ejemplo:

- Todos los operarios de una línea de producción.
- Todos los registros de pedidos de un almacén durante un semestre.
- Todos los productos que pasan por un área de inspección.

Muestra

Antes de definir la muestra, es importante considerar si el estudio realmente requiere muestreo. En proyectos con procesos pequeños, empresas con pocos trabajadores o cuando se tiene acceso total a los datos, puede analizarse a toda la población sin necesidad de muestrear. Por ejemplo:

- Si hay solo cinco operarios en el área a estudiar, pueden analizarse los cinco.
- Si se evaluará un proceso específico en un solo producto, ese proceso representa la totalidad del objeto de estudio.

En esos casos, se habla de un análisis censal o total, no de una muestra. Sin embargo, cuando la población es grande, diversa o inaccesible en su totalidad, sí se justifica seleccionar una muestra.

Una muestra es un subconjunto representativo de la población del cual se extraerán los datos. Se utiliza cuando no es viable estudiar a toda la población por limitaciones de tiempo, acceso o recursos. La muestra debe ser suficiente y pertinente para representar al grupo total.

Existen dos tipos de muestreo:

- **Probabilístico**: todos los elementos tienen la misma probabilidad de ser seleccionados. Ejemplo: muestreo aleatorio simple.
- **No probabilístico**: se eligen los elementos por conveniencia, criterio o intencionalidad. Ejemplo: muestreo por expertos o por casos típicos.

En estudios de ingeniería industrial, el muestreo suele ser no probabilístico por conveniencia, pero debe justificarse claramente.

Unidad de análisis

La unidad de análisis es el elemento mínimo que será observado, medido o evaluado en el estudio. Dependerá directamente del tipo de problema y de las variables formuladas.

Ejemplos:

- Un operario (cuando se mide desempeño individual).
- Un pedido (cuando se analiza tiempo de entrega).
- Una tarea (cuando se cronometra una operación).
- Un turno de trabajo (cuando se comparan condiciones).

Es esencial definir con claridad la unidad de análisis porque sobre ella se aplicarán los instrumentos y se realizarán los análisis.

6.4. Técnicas e instrumentos de recolección de datos

Las técnicas de recolección de datos permiten obtener la información necesaria para responder al problema de investigación y cumplir los objetivos. En ingeniería industrial, se privilegian aquellas que combinan precisión técnica con viabilidad en campo.

Técnicas más comunes

1. **Observación directa**
    - Se registra lo que ocurre en tiempo real.
    - Útil para estudiar procesos, flujos, tiempos, movimientos.
    - Puede ser estructurada (con listas de cotejo) o libre.

2. **Entrevistas y encuestas**
    - Permiten conocer la percepción, experiencia o conocimiento de los involucrados.
    - Se utilizan para complementar datos observados o identificar causas subjetivas.
    - Requieren planeación cuidadosa y validación previa.

3. **Revisión documental**
    - Consiste en analizar registros, reportes, bases de datos, bitácoras, manuales.
    - Aporta datos históricos, evidencia objetiva y comparaciones.

4. **Cronometraje y toma de tiempos**
    - Se utiliza en estudios de métodos y tiempos.
    - Requiere definir elementos del proceso, determinar número de observaciones y aplicar factores de corrección.

5. ***Checklists* y hojas de inspección**
    - Herramientas estructuradas para verificar condiciones específicas (errores, fallas, cumplimiento de estándares).

6. **Instrumentos tecnológicos**
    - Uso de software, sensores, registros digitales, aplicaciones móviles, etc.
    - Cada vez más accesibles en entornos industriales.

Elección del instrumento

La elección de los instrumentos dependerá de:

- El tipo de datos requeridos (cuantitativos o cualitativos).
- La unidad de análisis.
- El nivel de precisión necesario.
- Los recursos y el tiempo disponibles.

Todo instrumento debe estar alineado con los objetivos específicos y ser capaz de generar datos válidos y suficientes para su análisis.

6.5. Procedimiento para la recolección y análisis de datos

El procedimiento metodológico especifica paso a paso cómo se llevará a cabo la recolección y análisis de datos, asegurando que el estudio sea reproducible, ordenado y válido. Este apartado funciona como una hoja de ruta operativa del proyecto.

Fases del procedimiento

1. **Planeación de la recolección de datos**
    - Determinar qué datos se necesitan para responder a los objetivos de la investigación.
    - Definir las fuentes de información (primarias o secundarias).
    - Establecer el cronograma de recolección y los responsables.

2. **Aplicación de instrumentos**
    - Ejecutar encuestas, entrevistas, observaciones, *checklists*, mediciones, etc.
    - Asegurarse de que todos los participantes comprendan las instrucciones.
    - Registrar los datos de forma ordenada, clara y segura.

3. **Codificación y validación preliminar**
    - Estandarizar los formatos de registro.
    - Corregir errores de transcripción o inconsistencias.
    - Validar datos atípicos o incompletos.

4. **Análisis exploratorio de datos**
    - Generar tablas de frecuencia, gráficas y resúmenes numéricos.
    - Identificar patrones, concentraciones, desviaciones y posibles relaciones.

5. **Análisis específico según objetivos**
    - Utilizar herramientas estadísticas o gráficas acordes al tipo de dato y objetivo (por ejemplo: análisis de correlación, Pareto, Ishikawa, diagramas de flujo, histogramas).
    - Relacionar directamente los hallazgos con las variables establecidas.

6. **Organización de resultados**
    - Preparar tablas, gráficos y descripciones que serán incluidos en el capítulo de análisis.
    - Asegurar coherencia con los objetivos y el marco teórico.

Un buen procedimiento metodológico no solo asegura la calidad de los datos, sino que facilita su análisis e interpretación, y aporta transparencia al estudio.

6.6. Consideraciones éticas y de validación

Todo proyecto de investigación, incluso aquellos realizados en el ámbito técnico o industrial, debe cumplir con principios éticos fundamentales que garanticen la integridad del estudio, el respeto hacia las personas involucradas y la confiabilidad de los resultados.

Principios éticos básicos

1. **Consentimiento informado**
    - Si el estudio involucra a personas (trabajadores, supervisores, usuarios), debe informarse con claridad el propósito del estudio y recabarse su consentimiento antes de aplicar entrevistas, observaciones o encuestas.

2. **Confidencialidad de la información**
    - La identidad de las personas o de las empresas debe protegerse cuando así lo soliciten.
    - Se deben evitar juicios subjetivos o la exposición de datos sensibles.

3. **Uso responsable de la información**
    - La información recabada solo debe utilizarse con fines académicos y de mejora.
    - No se deben manipular los resultados para obtener conclusiones deseadas.

4. **Reconocimiento de fuentes**
    - Todo contenido teórico, cita, dato o imagen tomado de otras fuentes debe estar correctamente referenciado.
    - La omisión o falsificación de datos puede invalidar completamente un estudio.

Validación de instrumentos y resultados

Además de los principios éticos, la metodología debe incluir mecanismos que aseguren que los datos obtenidos sean válidos y confiables.

1. **Validez**
   - Se refiere a la capacidad del instrumento para medir lo que realmente pretende medir.
   - Por ejemplo, si un cuestionario busca medir satisfacción laboral, las preguntas deben estar relacionadas directamente con ese concepto, no con otros aspectos.

2. **Confiabilidad**
   - Es la consistencia del instrumento: que, aplicado en condiciones similares, arroje resultados semejantes.
   - Se recomienda realizar pruebas piloto, análisis de consistencia interna (como alfa de Cronbach para escalas) o validación por expertos.

3. **Triangulación**
   - Consiste en usar varias fuentes o métodos para estudiar un mismo fenómeno.
   - Aumenta la validez de los hallazgos al permitir contrastar información.

4. **Revisión por pares o asesor metodológico**
   - Antes de aplicar un instrumento, es útil que sea revisado por profesores, asesores o personas con experiencia para detectar ambigüedades, errores de formulación o sesgos.

5. **Coherencia metodológica**
   - Es fundamental que exista congruencia entre:
   - El problema de investigación.

- Los objetivos.
- Las técnicas seleccionadas.
- El tipo de datos analizados.
- Las conclusiones presentadas.

Taylor, Bogdan y DeVault (2015) señalan que la elección del diseño metodológico debe estar alineada con los objetivos, garantizando coherencia entre preguntas, técnicas e interpretación de datos.

Un estudio con buena ética, pero sin validación de sus instrumentos, corre el riesgo de generar resultados irrelevantes.

Un estudio con técnicas precisas, pero sin ética, compromete la credibilidad del investigador.

Un ingeniero industrial con formación en investigación debe ser capaz de garantizar tanto la ética como la solidez técnica de su trabajo.

6.7. Guía paso a paso para elaborar la metodología

Paso	Acción	Preguntas guía
1.	**Determinar el enfoque del estudio**	¿Mi estudio es cuantitativo, cualitativo o mixto? ¿Necesito medir o comprender?
2.	**Seleccionar el tipo de investigación**	¿Estoy describiendo, explorando, explicando o correlacionando un fenómeno?
3.	**Definir el diseño metodológico**	¿Haré un estudio de caso, transversal, cuasi-experimental...? ¿Cómo organizaré mi estudio?
4.	**Establecer población, muestra y unidad de análisis**	¿Quién o qué será analizado? ¿Analizaré a todos (censo) o solo una parte (muestra)? ¿Qué exactamente observaré?

5.	**Elegir técnicas e instrumentos de recolección**	¿Necesito cronómetros, encuestas, listas de chequeo? ¿Tengo permisos y recursos?
6.	**Redactar el procedimiento detallado**	¿Cómo voy a recopilar y analizar los datos paso a paso?
7.	**Incluir consideraciones éticas y de validación**	¿Hay consentimiento informado? ¿Cómo protejo los datos? ¿Cómo verifico la calidad de los instrumentos?

6.8. Ejemplo de redacción

Tipo y enfoque de investigación

Este estudio tiene un enfoque cuantitativo y un alcance descriptivo, ya que busca registrar y analizar las demoras en la línea de ensamble del producto A. No se manipularán variables, sino que se recopilarán datos reales mediante observación directa.

Diseño del estudio

Se utilizará un diseño no experimental de tipo transversal, dado que los datos serán recolectados en un solo momento durante la operación habitual de la línea.

Unidad de análisis

La unidad de análisis serán las estaciones de trabajo de la línea de ensamble, observando tiempos de espera y causas de interrupciones.

Errores comunes a evitar

- No justificar por qué se elige un enfoque o tipo de investigación.
- Plantear una metodología que no se relaciona con los objetivos.

- No definir claramente quién será estudiado ni qué datos se obtendrán.
- Usar instrumentos sin explicar cómo se aplicarán ni validar su utilidad.

6.9. Actividad integradora: metodología

Objetivo:

Diseñar el apartado metodológico de un proyecto de investigación técnica aplicado a la ingeniería industrial.

Instrucciones paso a paso:

1. Define el tipo y enfoque del estudio.
2. Selecciona el diseño metodológico más adecuado.
3. Delimita la población, muestra (si aplica) y unidad de análisis.
4. Elige y justifica las técnicas e instrumentos de recolección.
5. Escribe el procedimiento de recolección y análisis de datos.
6. Incluye criterios éticos y mecanismos de validación.

Producto esperado:

Capítulo metodológico de 3 a 4 cuartillas.

Capítulo 7: análisis e interpretación de resultados

Introducción

El análisis de resultados es el momento en que los datos recolectados se transforman en información valiosa para comprender el problema, evaluar soluciones y tomar decisiones fundamentadas. Este capítulo es el puente entre la metodología y las conclusiones.

Si bien el proceso técnico de análisis es crucial, lo que realmente otorga valor a esta etapa es la capacidad del investigador para interpretar los hallazgos con base en el marco teórico y los objetivos del estudio.

En el caso de los ingenieros industriales, este análisis debe enfocarse en generar propuestas concretas de mejora y tomar decisiones operativas sustentadas en evidencia.

7.1. Organización y procesamiento de los datos

Antes de interpretar, los datos deben ser organizados, tabulados y representados visualmente. Esto permite identificar patrones, inconsistencias o tendencias relevantes.

Herramientas comunes:

- Tablas de frecuencia.
- Gráficas de barras, pastel o línea.
- Diagramas de Pareto.
- Histogramas.
- Diagramas de dispersión.

- Tablas cruzadas (para identificar relaciones entre variables).

Es importante distinguir entre datos cuantitativos (numéricos) y cualitativos (descriptivos), y aplicar las herramientas más adecuadas para cada uno.

7.2. Interpretación de resultados

Interpretar significa dar sentido a los datos en función del problema planteado, los objetivos establecidos y el marco teórico utilizado.

Buenas prácticas para interpretar:

- Relacionar directamente los hallazgos con los objetivos específicos.
- Indicar si se cumplen o no las expectativas iniciales.
- Contrastar los resultados con estudios previos o teorías revisadas.
- Detectar causas raíz o implicaciones no evidentes.
- Evitar afirmaciones no respaldadas por los datos.

No basta con decir: «El gráfico muestra una baja productividad»; hay que explicar por qué ocurre, qué factores influyen y qué alternativas se podrían implementar.

7.3. Análisis crítico y evaluación de la situación

Una vez interpretados los resultados, el investigador debe hacer una evaluación crítica:

- ¿Qué tan grave o relevante es el problema?
- ¿Cuál es la causa principal según los datos?
- ¿Existen soluciones viables?
- ¿Se requiere una propuesta de mejora, un rediseño, capacitación o acción correctiva?

Este análisis debe generar una base objetiva para la toma de decisiones.

De acuerdo con Patton (2015), el análisis de datos debe transformar la evidencia en conocimiento útil, facilitando decisiones fundamentadas y mejoras reales en los sistemas observados.

Ejemplo práctico completo de análisis

Caso aplicado:
Se registró el tiempo de entrega de 50 pedidos durante una semana en el área de almacén.

Datos organizados:

Tiempo de entrega (min)	Número de pedidos
0-10	5
11-15	10
16-20	18
21-25	12
>25	5

Interpretación:
El 70 % de los pedidos (35 de 50) se entregan en más de 15 minutos, superando el estándar aceptable (≤ 15 min). Esto indica un problema sistemático en la preparación o el despacho.

Relación con el objetivo del proyecto:

- **Objetivo específico:** Evaluar la eficiencia del proceso de despacho de pedidos.
- **Resultado:** El proceso no cumple el estándar de entrega, lo que afecta la satisfacción del cliente.

Contraste con la teoría:
Según el principio de flujo continuo en *Lean*, las interrupciones y demoras deben eliminarse. La concentración de pedidos en el rango de 16-25 minutos sugiere la existencia de cuellos de botella.

Causa probable identificada:
Falta de separación entre el área de surtido y la de carga, lo que genera congestión.

Propuesta de mejora:
Implementar zonas diferenciadas para carga y preparación, así como balancear la carga laboral en el turno vespertino.

Vínculo con el marco teórico

El marco teórico no solo sirve para contextualizar el estudio: también es el criterio base para interpretar los hallazgos.

- Si el marco establece que la estandarización mejora la productividad, y los resultados muestran problemas por falta de estándares, existe una validación teórica.
- Si la teoría de colas sugiere que los tiempos de espera se reducen con el balanceo de carga, y esto se comprueba en el caso, el análisis gana solidez.

Los conceptos revisados en el marco teórico son herramientas de análisis, no únicamente antecedentes.

7.4. Identificación de oportunidades de mejora

Con base en el análisis, el investigador debe plantear propuestas de acción o mejora que resuelvan el problema identificado. Estas propuestas deben:

- Ser viables en tiempo, recursos y capacidades.
- Estar fundamentadas en los hallazgos.
- Aportar beneficios medibles.

Pueden adoptar la forma de:

- Modificaciones al proceso.
- Reorganización de tareas o espacios.
- Propuestas de capacitación.
- Nuevos métodos de control o monitoreo.
- Aplicación de herramientas de calidad o *Lean*.

7.5. Estructura del análisis de resultados

A continuación, se presenta un enfoque práctico, paso a paso, para organizar, analizar e interpretar los datos recopilados en una investigación aplicada a la ingeniería industrial.

Guía paso a paso para analizar e interpretar resultados:

Paso	Acción	Preguntas clave
1.	**Organizar los datos**	¿Cómo se agrupan los datos? ¿Qué tipo de variable es?
2.	**Construir tablas y gráficas**	¿Qué visualización comunica mejor los resultados?
3.	**Relacionar los datos con los objetivos**	¿Qué dice cada dato respecto a cada objetivo específico?

4.	**Interpretar los resultados**	¿Qué significan los resultados en términos operativos?
5.	**Contrastar con el marco teórico**	¿Confirma o contradice lo que la teoría decía?
6.	**Identificar implicaciones**	¿Qué factores están detrás? ¿Qué acciones pueden derivarse?

Ejemplo de redacción

Interpretación de hallazgos

Se identificó que el 65 % de los retrasos en el área de empaque ocurren entre las 14:00 y 15:00 horas, lo que coincide con el cambio de turno. Este patrón sugiere que el proceso de entrega de turno no está estandarizado, generando tiempos muertos y pérdida de continuidad operativa.

Contraste con el marco teórico

Según los principios de *Lean Manufacturing*, la ausencia de estandarización en los procesos es una de las principales causas de *muda* (desperdicio), lo cual se confirma en este caso por los retrasos durante la transición operativa.

Errores comunes a evitar

- Presentar solo gráficas sin explicar qué significan.
- Redactar: «Los datos muestran que...» sin vincularlo a los objetivos.
- Omitir el marco teórico al interpretar los hallazgos.
- Generalizar sin sustento o interpretar de forma subjetiva.

7.6. Actividad integradora: análisis e interpretación completa de los datos obtenidos en el trabajo de campo

Objetivo:

Analizar los datos obtenidos en un trabajo de campo e interpretarlos con base en los objetivos y el marco teórico.

Instrucciones paso a paso:

1. Organiza tus datos en tablas y gráficas.
2. Relaciona los datos con cada objetivo específico.
3. Interpreta los resultados obtenidos.
4. Contrástalos con el marco teórico.
5. Identifica las principales causas del problema.
6. Propón al menos una acción de mejora viable.

Producto esperado:

Informe analítico de 2 a 3 cuartillas con gráficas y recomendaciones.

Conclusión del capítulo

Un buen análisis de resultados va más allá de mostrar números: permite identificar causas, generar propuestas y comunicar decisiones sustentadas. La capacidad de interpretar con sentido técnico y lógico es una competencia esencial del ingeniero industrial.

Capítulo 8: conclusiones, recomendaciones y aplicación

Introducción

En toda investigación aplicada a la ingeniería industrial, las conclusiones representan el cierre analítico de un ciclo que inició con la observación de un problema y culmina con la generación de conocimiento útil para la mejora de procesos.

Este capítulo tiene como objetivo guiar al estudiante en la redacción de conclusiones pertinentes, la formulación de recomendaciones fundamentadas y la proyección de nuevas líneas de investigación como parte del compromiso con la mejora continua.

En la práctica profesional del ingeniero industrial, estas habilidades son esenciales para convertir el conocimiento generado en acciones concretas que beneficien a la organización.

8.1. Redacción de conclusiones útiles para la toma de decisiones

Las conclusiones deben ser una síntesis crítica de los hallazgos obtenidos, expresadas de forma clara, objetiva y directamente vinculadas a los objetivos y preguntas de investigación. No deben incluir información nueva ni opiniones personales que no hayan sido respaldadas por los datos analizados.

Recomendaciones para redactarlas:

- Comenzar cada conclusión haciendo referencia al objetivo específico que aborda.

- Evitar repetir resultados textualmente; en su lugar, interpretarlos y darles sentido dentro del contexto del estudio.
- Utilizar datos cuantitativos o cualitativos como sustento para dar solidez a las afirmaciones.
- Formular conclusiones concretas, no vagas ni generalistas.
- Usar un lenguaje formal, sin adjetivos valorativos.

Errores comunes al redactar conclusiones:

- Repetir los resultados numéricos sin análisis.
- Redactarlas como opiniones personales sin sustento.
- No vincularlas con los objetivos del estudio.

Ejemplo de conclusión efectiva:

En relación con el objetivo de evaluar el impacto de la capacitación en la eficiencia de la línea de ensamble, se determina que la productividad aumentó en un 18 % tras la implementación del programa, lo cual indica que la intervención tuvo un efecto positivo y medible.

8.2. Propuestas de mejora basadas en evidencias

Las recomendaciones deben derivarse directamente de los hallazgos de la investigación y estar orientadas a mejorar el proceso, sistema o situación estudiada.

Representan la aplicación práctica del conocimiento generado y deben ser viables dentro del contexto operativo y económico de la organización.

Características de las recomendaciones:

- Viables técnica y económicamente.
- Justificadas mediante datos empíricos.

- Específicas, accionables y medibles.
- Priorizadas según su impacto potencial y facilidad de implementación.

Estructura sugerida para una recomendación:

1. Problema identificado.
2. Evidencia encontrada en el estudio.
3. Recomendación concreta con justificación.
4. Recursos o condiciones necesarias para su implementación.

Ejemplo:

Dado que el tiempo de cambio de herramienta representa el 22 % del tiempo total de ciclo, se recomienda implementar la metodología SMED (*Single-Minute Exchange of Die*) en las estaciones críticas. Estudios similares en industrias del mismo sector han logrado reducir estos tiempos hasta en un 50 %, lo cual se traduce en una mejora significativa de la eficiencia.

8.3. Cierre del ciclo de mejora: propuesta de nuevas investigaciones

Todo proceso de investigación debe considerar que sus hallazgos abren nuevas preguntas. La formulación de futuras líneas de investigación permite continuar el ciclo de mejora y profundizar en el conocimiento del sistema.

Proponer investigaciones futuras no implica que el estudio actual sea incompleto, sino que reconoce la complejidad de los sistemas reales y promueve una cultura de mejora continua.

Guías para definir nuevas investigaciones:

- Identificar limitaciones del estudio actual (recursos, tiempo, alcance).
- Detectar variables no controladas o no analizadas.
- Explorar la aplicabilidad de la solución en otros contextos o escalas.
- Proponer estudios comparativos o de replicación.

Ejemplo:

Una posible línea de investigación futura sería analizar los efectos del clima organizacional en la implementación de sistemas de mejora continua, ya que este factor no fue considerado en el presente estudio y podría influir en la sostenibilidad de los resultados.

Además, se sugiere replicar el estudio en plantas de producción con diferentes niveles de automatización para contrastar resultados.

8.4. Guía paso a paso para concluir y recomendar

Paso	Acción	Preguntas guía
1.	**Redactar conclusiones claras**	¿Qué se descubrió respecto a cada objetivo? ¿Qué datos lo sustentan?
2.	**Evitar repetir datos textuales**	¿Estoy interpretando o solo copiando resultados?
3.	**Redactar recomendaciones viables**	¿Qué acciones específicas pueden mejorar el proceso? ¿Tienen sustento?

4.	**Relacionar cada recomendación con una causa detectada**	¿Por qué propongo esto? ¿Qué evidencia lo justifica?
5.	**Proponer una línea futura de investigación**	¿Qué quedó fuera del estudio? ¿Qué variable merece más análisis?

Ejemplo de redacción

Conclusión

En relación con el objetivo de analizar las causas del retraso en el área de empaque, se determina que el 72 % de los casos están relacionados con interrupciones por desabasto de materiales, lo que indica una deficiencia en la coordinación logística entre almacén y producción.

Recomendación

Se sugiere implementar un sistema visual tipo *kanban* entre el área de almacén y empaque, lo cual permitiría prever necesidades de surtido y reducir el tiempo de espera. Esta propuesta se basa en la evidencia de que la mayoría de los retrasos son causados por la falta de materiales a tiempo.

Línea de investigación futura

Sería pertinente estudiar el nivel de rotación de inventarios y su impacto en la eficiencia de surtido, ya que este factor no fue incluido en el presente estudio, pero podría influir en la causa del desabasto observado.

Errores comunes a evitar

- Redactar conclusiones que no se relacionan con los objetivos.
- Dar opiniones sin respaldo de datos.

- Hacer recomendaciones genéricas («mejorar el proceso») sin especificar cómo.
- Omitir propuestas de mejora o nuevas líneas de investigación.

8.5. Actividad integradora: redacción crítica de conclusiones y recomendaciones

Objetivo:

Redactar conclusiones alineadas con los objetivos del estudio, recomendaciones basadas en evidencia y líneas de investigación futura.

Instrucciones paso a paso:

1. Redacta tres conclusiones vinculadas con los objetivos.
2. Justifica cada conclusión con datos del análisis.
3. Formula dos recomendaciones claras, específicas y viables.
4. Proporciona una propuesta de investigación futura, explicando su pertinencia.

Producto esperado:

Texto de 1 a 2 cuartillas con conclusiones, recomendaciones y propuesta de investigación.

Conclusión del capítulo

El cierre formal de una investigación aplicada no solo consiste en resumir hallazgos, sino en transformarlos en decisiones fundamentadas, propuestas de mejora concretas y oportunidades de desarrollo futuro.

La capacidad para generar conocimiento útil, aplicable y replicable es una de las habilidades más valiosas que el ingeniero industrial puede desarrollar en su formación profesional. Las conclusiones y recomendaciones bien estructuradas permiten que la investigación tenga un impacto real en las organizaciones, y las propuestas de nuevas investigaciones aseguran que el ciclo de mejora continúe, fortaleciendo la cultura de innovación y eficiencia.

Capítulo 9: elaboración del protocolo de investigación

Introducción

En el campo de la ingeniería industrial, la elaboración de un protocolo de investigación representa una etapa clave que permite organizar, justificar y planificar sistemáticamente un proyecto científico o de mejora.

Este capítulo guía al estudiante en la construcción de un protocolo sólido, coherente y alineado con los principios del método científico, brindando tanto la estructura estándar como consejos prácticos y advertencias sobre errores comunes.

9.1. ¿Qué es un protocolo de investigación en ingeniería industrial?

Un protocolo de investigación es un documento formal que describe, paso a paso, cómo se desarrollará un estudio o proyecto de mejora, especificando el problema a investigar, los objetivos, el marco teórico, la metodología y los recursos necesarios.

En ingeniería industrial, este protocolo puede servir para proyectos de residencia, tesis, mejora de procesos, reducción de desperdicios, análisis de productividad o implementación de nuevas tecnologías.

Es una herramienta de planeación, pero también una carta de presentación académica que refleja el rigor metodológico y la viabilidad del proyecto propuesto.

9.2. Estructura típica del protocolo

A continuación, se describe la estructura habitual de un protocolo de investigación en esta disciplina:

1. **Título del proyecto**
    - Debe ser claro, preciso y conciso (idealmente no más de 20 palabras).
    - Debe reflejar la esencia del estudio o intervención.

2. **Planteamiento del problema**
    - Describe con claridad qué situación problemática se busca resolver, fundamentada en datos reales y contexto industrial.
    - Debe incluir:
        - Contextualización del entorno.
        - Evidencia del problema.
        - Pregunta(s) de investigación.

3. **Justificación**
    - Explica por qué es importante realizar el proyecto.
    - Incluye beneficios esperados, impacto potencial y aportaciones a la empresa, la academia o el entorno.

4. **Objetivos**
    - **General:** Indica el propósito principal del proyecto.
    - **Específicos:** Derivan del general y detallan las metas parciales que se pretenden alcanzar.

5. **Marco teórico**
    - Revisión de conceptos, teorías y antecedentes que sustentan el proyecto.

- Puede incluir enfoques como *Lean Manufacturing, Six Sigma*, ergonomía, teoría de sistemas, entre otros.

6. **Hipótesis y variables**
   - En caso de ser una investigación explicativa o experimental, debe plantearse una hipótesis clara.
   - También se identifican las variables:
     - Independiente.
     - Dependiente.
     - De control (si aplica).
   - Todas deben ser operacionalizadas.

7. **Metodología**
   - Describe el enfoque del estudio (cuantitativo, cualitativo o mixto).
   - Detalla el tipo de investigación, diseño, población y muestra (si aplica).
   - Especifica las técnicas de recolección de datos e instrumentos.

8. **Cronograma de actividades**
   - Calendario organizado con fases del proyecto, actividades y fechas.
   - Se recomienda usar herramientas como diagramas de Gantt.

9. **Recursos necesarios**
   - Especifica materiales, herramientas, software, personal y presupuesto estimado.

10. **Referencias bibliográficas**
    - Lista de fuentes académicas, normativas o técnicas utilizadas para respaldar el protocolo, bajo el formato APA.

9.3. Consejos prácticos para redactar cada sección

Sección	Consejo práctico
Título	Evitar tecnicismos excesivos; reflejar acción + objeto de estudio + contexto.
Problema	Usar datos duros y observaciones reales del entorno industrial.
Justificación	Relacionar el beneficio con indicadores clave como costos, calidad o eficiencia.
Objetivos	Usar verbos medibles (mejorar, reducir, diseñar, implementar).
Marco teórico	Incluir autores recientes y relevantes en Ingeniería Industrial.
Hipótesis	Solo si el proyecto requiere validación experimental. No forzarla si no aplica.
Metodología	Ser claro con los pasos; incluir diagramas de flujo si es necesario.
Cronograma	Ser realista en los tiempos, considerando actividades escolares o laborales.
Recursos	Ser específico, no genérico (por ejemplo: «software Arena versión XX»).
Referencias	Citar fuentes actualizadas y científicas (evitar blogs o sitios sin rigor).

Errores comunes a evitar

- Formular un título vago o demasiado general.
- Confundir la justificación con los antecedentes.
- Plantear objetivos como actividades («hacer encuestas», «visitar la planta»).
- Usar textos sin parafrasear o sin citar (plagio).
- Basarse en supuestos sin evidencia o sin diagnóstico previo.

- Incluir hipótesis sin que el proyecto lo justifique.
- Proponer metodologías demasiado ambiciosas o inaplicables al contexto.
- Usar referencias desactualizadas o no académicas.

9.4. Revisión y presentación del protocolo

Antes de entregar o presentar un protocolo:

- **Autoevaluación:** Verifica si responde a las preguntas: ¿Qué?, ¿Por qué?, ¿Para qué?, ¿Cómo?, ¿Con qué?, ¿Cuándo?
- **Revisión por pares o asesor:** Solicitar retroalimentación puede mejorar significativamente el documento.
- **Formato y ortografía:** Usar un diseño limpio, con encabezados visibles, márgenes adecuados y sin errores de redacción.
- **Presentación oral (si aplica):** Preparar una síntesis clara del problema, objetivos, propuesta metodológica y beneficios esperados. Apoyarse con una presentación visual si se solicita.

9.5. Actividad integradora: Elaboración de un miniprotocolo de investigación industrial

Objetivo:

Integrar todos los elementos desarrollados en el curso en un miniprotocolo de investigación coherente y aplicable.

Instrucciones paso a paso:

1. Redacta un título técnico, breve y preciso.
2. Incluye el planteamiento del problema, la justificación y los objetivos.
3. Resume la metodología propuesta.
4. Elabora un cronograma tentativo (en tabla o diagrama de Gantt).
5. Organiza el documento en un formato profesional.

Producto esperado:

Miniprotocolo de al menos 3 cuartillas.

Capítulo 10: elaboración y presentación del informe de investigación

Introducción

Una vez finalizado el proyecto, es fundamental comunicar los halllazgos, conclusiones y recomendaciones de forma clara, estructurada y profesional.

El informe de investigación es el documento que permite plasmar todo el trabajo realizado y debe cumplir con criterios técnicos, académicos y éticos.

En el contexto de la ingeniería industrial, un informe bien elaborado no solo tiene valor académico, sino también práctico, pues puede utilizarse para justificar mejoras, sustentar decisiones o documentar buenas prácticas.

Este capítulo guía al estudiante para redactar, estructurar y presentar su informe final, considerando aspectos de forma, fondo y comunicación oral, incluyendo recomendaciones específicas para el entorno técnico e institucional.

10.1. Estructura general del informe técnico-académico

Sección	**Contenido esperado**
Portada	Nombre del proyecto, autor, institución, carrera, fecha
Índice	Lista de secciones y subsecciones con paginación
Resumen ejecutivo	Síntesis de 1 cuartilla con problema, objetivo, metodología, resultados y propuesta
Introducción	Contexto general, importancia del estudio y objetivos

Planteamiento del problema	Redacción detallada con evidencia y delimitación
Justificación	Argumentos del valor e impacto del estudio
Objetivos	General y específicos, claros y alineados
Marco teórico	Conceptos, antecedentes y teorías utilizadas
Hipótesis y variables (si aplica)	Formulación, relación y tabla de operacionalización
Metodología	Enfoque, diseño, técnicas, instrumentos, procedimiento
Resultados	Tablas, gráficas y análisis de datos
Interpretación	Explicación lógica de los resultados
Conclusiones y recomendaciones	Derivadas de los objetivos y datos
Propuesta de mejora (si aplica)	Acciones sugeridas basadas en evidencias
Referencias	Formato APA o institucional
Anexos	Diagramas, instrumentos, cálculos, cronograma, etc.

10.2. Consejos prácticos para la redacción

- Usa un lenguaje técnico claro, sin redundancias.
- Mantén coherencia en el uso de tiempos verbales: pasado para describir lo realizado y presente para conclusiones o afirmaciones vigentes.
- Evita afirmaciones sin evidencia.
- Sustenta cada argumento con datos o citas.
- Emplea numeración jerárquica (1, 1.1, 1.2...) para organizar el contenido de manera ordenada.
- Cuida la ortografía, la redacción y el formato general del documento.

10.3. Recomendaciones para el formato

Elemento	Recomendación
Letra	Arial o Times New Roman, 12 pt
Interlineado	1.5 líneas
Márgenes	2.5 cm por lado
Alineación	Justificado
Numeración	Todas las páginas numeradas, excepto portada
Gráficas y tablas	Con título y fuente, numeradas secuencialmente

Nota. Estas especificaciones son sugeridas, deberán adecuarse a las especificaciones de la institución donde se vaya a presentar.

10.4. Presentación oral del informe (si aplica)

La defensa o presentación del informe es una oportunidad para demostrar dominio del proyecto y su utilidad. Se recomienda:

- Preparar una presentación visual clara (PowerPoint, Canva, Genially).
- Incluir máximo 12 diapositivas (una por sección clave).
- Usar gráficas, esquemas y ejemplos en lugar de solo texto.
- Dominar los tiempos: idealmente entre 10 y 15 minutos.
- Ensayar previamente y anticipar preguntas comunes:
  - ¿Cuál fue la principal dificultad?
  - ¿Qué resultado te sorprendió?
  - ¿Qué aplicarías si tuvieras más tiempo o recursos?

10.5. Actividad integradora: elaboración del informe

Objetivo:

Redactar el informe final de investigación técnica, cumpliendo con criterios metodológicos, técnicos y comunicativos.

Instrucciones paso a paso:

1. Organiza los capítulos desarrollados a lo largo del curso.
2. Redacta cada sección del informe con base en las guías anteriores.
3. Elabora un resumen ejecutivo de máximo una cuartilla.
4. Integra anexos, gráficas y cronogramas.
5. Prepara una presentación oral con máximo 12 diapositivas.

Producto esperado:

Informe completo (entre 20 y 30 cuartillas) más presentación en formato editable.

Reflexión final

El informe de investigación no es solo un requisito académico: es un documento técnico que refleja la capacidad del ingeniero industrial para observar, analizar, argumentar y proponer soluciones sustentadas en evidencia. Aprender a elaborarlo y presentarlo con profesionalismo es parte esencial de su formación.

Capítulo 11: síntesis del proceso de investigación aplicada en Ingeniería Industrial

Reflexión general

Investigar no es un acto reservado únicamente al ámbito académico: en Ingeniería Industrial, investigar es intervenir, mejorar y transformar procesos reales con base en datos, evidencia y razonamiento lógico. A lo largo de este libro se ha propuesto un camino claro y práctico que permite a los futuros ingenieros construir proyectos metodológicamente sólidos y técnicamente pertinentes.

El proceso de investigación aplicada, cuando se realiza con rigor, se convierte en una herramienta poderosa de análisis y de mejora continua, capaz de generar impacto tanto en la formación del estudiante como en la competitividad de las organizaciones.

Esquema sintético del proceso de investigación

A continuación, se resume el proceso completo, dividido en sus principales etapas:

1. **Observación y diagnóstico inicial**
    - Identificación del problema con base en evidencia del entorno industrial.
    - Aplicación de herramientas como observación directa, diagramas de causa-efecto y Pareto.

2. **Planteamiento del problema y formulación de objetivos**
    - Delimitación precisa del fenómeno a investigar.

- Redacción de objetivos generales y específicos alineados a una finalidad técnica.

3. **Justificación del estudio**
    - Argumentación clara del valor, impacto y pertinencia del proyecto.

4. **Marco teórico**
    - Revisión y selección de conceptos, modelos y teorías relevantes.
    - Construcción del andamiaje conceptual para interpretar el fenómeno.

5. **Formulación de hipótesis y variables**
    - (Si aplica) Planteamiento de hipótesis comprobables.
    - Identificación y operacionalización de variables industriales clave.

6. **Diseño metodológico**
    - Elección del enfoque (cuantitativo, cualitativo, mixto).
    - Definición de técnicas e instrumentos, unidad de análisis y procedimiento de recolección de datos.

7. **Análisis e interpretación**
    - Procesamiento de datos con herramientas estadísticas o gráficas.
    - Interpretación crítica y fundamentada de los resultados.

8. **Conclusiones, recomendaciones y nuevas preguntas**
    - Respuestas concretas a los objetivos planteados.
    - Propuestas de mejora aplicables.
    - Sugerencias para futuras investigaciones.

9. **Elaboración del protocolo**
    - Organización estructurada del proyecto como documento base para su validación y ejecución.

10. **Presentación del informe final**
    - Redacción formal y técnica del documento final.
    - Comunicación oral clara, lógica y profesional.

Cierre del ciclo y formación profesional

El dominio del proceso de investigación fortalece competencias esenciales en el ingeniero industrial: pensamiento analítico, enfoque sistémico, criterio técnico y capacidad de mejora continua. Más allá del cumplimiento académico, este proceso forma parte del perfil profesional de quien se desempeña en contextos complejos donde se requiere resolver problemas con eficiencia y sustentabilidad.

Al finalizar este recorrido, el estudiante no solo está en condiciones de presentar un proyecto, sino de liderar procesos de transformación con base en evidencia, integrando teoría, práctica y ética profesional.

> *Investigar en Ingeniería Industrial no es solo preguntar: es transformar. Es mirar el entorno con ojos críticos y actuar con base en datos, con responsabilidad técnica y sentido de mejora.*
>
> SENÉN JUÁREZ LEÓN

Anexos

- Rúbricas sugeridas para la evaluación o autoevaluación del Protocolo e Informe Técnico Final y su presentación oral.
- Guía práctica para la redacción y presentación de proyectos de investigación.

Anexo 1. Rúbrica para evaluar el protocolo de investigación

Criterio	Descripción esperada	Puntos
1. Título	Preciso, técnico y enfocado en el objeto de estudio	5
2. Planteamiento del problema	Claramente definido, delimitado, con evidencia inicial	15
3. Justificación	Fundamentada en argumentos técnicos, viabilidad y relevancia	10
4. Objetivos	Claros, medibles, coherentes con el problema y con los resultados esperados	10
5. Marco teórico	Selección y redacción pertinente de conceptos, teorías y antecedentes	15
6. Hipótesis y variables *(si aplica)*	Formulación lógica, operacionalización clara	10
7. Metodología	Tipo de estudio, diseño, población, instrumentos y procedimiento bien descritos	20

8. Cronograma y recursos	Actividades planificadas con tiempos realistas, recursos adecuados	10
9. Redacción y presentación	Organización, ortografía, formato y lenguaje técnico	5
Total		**100 puntos**

Anexo 2. Rúbrica para evaluar el informe final de investigación

Criterio	**Descripción esperada**	**Puntos**
1. Título y portada	Reflejan con precisión el contenido del informe y están bien presentados	5
2. Resumen ejecutivo	Breve, claro, cubre problema, objetivo, metodología y hallazgos	5
3. Planteamiento y justificación	Profundizados con base en datos obtenidos y análisis técnico	10
4. Objetivos y su cumplimiento	Coherencia entre lo planteado y lo logrado	5
5. Marco teórico	Aplicado e integrado con el análisis y resultados	10
6. Desarrollo metodológico	Procedimiento seguido claramente explicado con respaldo documental	10
7. Resultados y análisis	Tablas, gráficas, estadísticas e interpretación técnica	20
8. Conclusiones y recomendaciones	Derivadas de los resultados, con propuestas viables y claras	15
9. Redacción técnica y formato	Claridad, orden, ortografía, citas correctas, lenguaje profesional	10
10. Presentación oral (si aplica)	Expresión clara, dominio del tema, uso de apoyos visuales	10
Total		**100 puntos**

Escala de evaluación sugerida para ambas rúbricas

Rango	Nivel
90-100	Excelente
80- 89	Bueno
70-79	Satisfactorio
< 70	No aprobado

Anexo 3. Rúbrica para la Exposición Oral del Protocolo de Investigación

Criterio	Descripción esperada	Puntos
Claridad del problema	El estudiante explica con claridad qué problema se aborda, por qué es importante y cómo se detectó	20
Justificación y objetivos	Se argumenta adecuadamente el propósito del estudio y se exponen objetivos claros y bien definidos	15
Coherencia metodológica	El tipo de estudio, diseño y técnicas están explicados de forma lógica y comprensible	20
Estructura y organización de la presentación	La exposición sigue una secuencia lógica, sin omisiones ni repeticiones innecesarias	15
Dominio del tema	El expositor demuestra comprensión del proyecto, responde preguntas con seguridad y sin improvisación	20
Apoyos visuales	Las diapositivas son claras, visuales, libres de exceso de texto y refuerzan el mensaje	10
Total		**100 puntos**

Anexo 4. Rúbrica para la exposición oral del informe técnico final

Criterio	Descripción esperada	Puntos
Síntesis de resultados	El estudiante presenta los hallazgos clave de forma clara, comparando antes y después del proyecto	20
Análisis e interpretación	Muestra comprensión de lo que significan los datos, sus causas y consecuencias	20
Conclusiones y propuestas de mejora	Las recomendaciones están bien fundamentadas y alineadas a los hallazgos	15
Estructura de la presentación	Introducción, desarrollo y cierre bien definidos; se cubren todos los aspectos clave	15
Expresión verbal y dominio	Voz clara, lenguaje técnico, contacto visual, seguridad y fluidez	20
Uso de apoyos visuales	Diapositivas o recursos visuales con datos relevantes, bien diseñados y explicados	10
Total		**100 puntos**

Sugerencia de escala de evaluación, ambas rúbricas:

Puntaje	Nivel
90-100	Excelente
80-89	Bueno
70-79	Satisfactorio
< 70	Deficiente

Anexo 5. Guía práctica para la redacción y presentación de proyectos de investigación

1. **Recomendaciones para la redacción del protocolo de investigación**
    - Utiliza un lenguaje técnico, claro y objetivo; evita opiniones personales o lenguaje coloquial.
    - Redacta en tiempo futuro o impersonal, ya que el protocolo describe lo que **se va a hacer**.
    - Mantén la coherencia entre el problema, los objetivos, la metodología y las variables.
    - Evita repetir información entre secciones (especialmente entre planteamiento y justificación).
    - Cuida la ortografía, la puntuación y el uso correcto de conectores lógicos.
    - Sustenta con citas en formato APA cualquier referencia a autores, teorías o datos externos.
    - Sé concreto en la descripción del método: **quién, qué, cómo, cuándo** y **con qué** se hará.

2. **Recomendaciones para la redacción del informe técnico final**
    - Redacta en pasado, ya que describes lo que fue realizado.
    - Asegúrate de que cada conclusión tenga respaldo en los datos obtenidos.
    - Integra gráficos, tablas y figuras que ilustren los resultados (todas deben tener título y fuente).
    - Relaciona tus resultados con el marco teórico, comparando teoría y práctica.
    - Evita extenderte en descripciones innecesarias; privilegia el análisis sobre la narración.
    - La redacción debe ser precisa y técnica, evitando juicios subjetivos.

- Cuida la presentación general: márgenes, numeración, índice, citas y referencias completas.

3. **Recomendaciones para la presentación oral del proyecto**
   - Organiza la presentación en una secuencia lógica: **introducción, desarrollo, resultados y cierre**.
   - Prepara un guion con ideas clave, pero evita leer todo el contenido de las diapositivas.
   - Usa entre 10 y 12 diapositivas para exposiciones de 10 a 15 minutos.
   - Apoya tu exposición con recursos visuales claros: gráficos, esquemas, tablas o imágenes pertinentes.
   - Evita saturar las diapositivas con texto; utiliza palabras clave y datos esenciales.
   - Ensaya tu exposición para controlar el tiempo y ganar confianza.
   - Mantén una postura profesional, establece contacto visual y cuida la modulación de tu voz.
   - Prepárate para responder preguntas: repasa tus datos, decisiones metodológicas y hallazgos clave.

Referencias

Creswell, J. W., & Creswell, J. D. (2018). *Research design: Qualitative, quantitative, and mixed methods approaches* (5.ª ed.). SAGE Publications.

Hernández-Sampieri, R., Mendoza-Torres, C. P., & Baptista-Lucio, M. P. (2022). *Metodología de la investigación: Las rutas cuantitativa, cualitativa y mixta* (7.ª ed.). McGraw-Hill Education.

Patton, M. Q. (2015). *Qualitative research & evaluation methods* (4.ª ed.). SAGE Publications.

Sampieri, R. H., Collado, C. F., & Lucio, M. P. (2014). *Metodología de la investigación* (6.ª ed.). McGraw-Hill.

Taylor, S. J., Bogdan, R., & DeVault, M. (2015). *Introduction to qualitative research methods: A guidebook and resource* (4.ª ed.). Wiley.

Lecturas recomendadas

Simulación y modelamiento matemático para ingenieros con software. Volumen I (Yhon Fuentes Huamán)

20 ideas para fomentar la investigación universitaria (Yuri Castro Rodríguez)

Introducción a la Ciencia e Ingeniería de Materiales. Manual de prácticas de laboratorio (Ignacio Figueroa, Balbina Ojeda y Clara Flores)

Razonamiento verbal (Jorge Roberto Camara Guerrero)

CADUCEUS

www.ingramcontent.com/pod-product-compliance
Lightning Source LLC
La Vergne TN
LVHW060253051026
849517LV00003B/795